生活因阅读而精彩

生活因阅读而精彩

人品

看不见的竞争力

RENPIN

KANBUJIAN DE JINGZHENGLI

林伟宸 ⊙编著

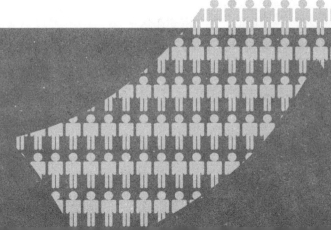

中国华侨出版社

图书在版编目(CIP)数据

人品,看不见的竞争力 / 林伟宸编著.—北京:
中国华侨出版社,2012.6

ISBN 978-7-5113-2365-1

Ⅰ.①人… Ⅱ.①林… Ⅲ.①个人–修养–通俗读物
Ⅳ.①B825-49

中国版本图书馆 CIP 数据核字(2012)第086762 号

人品,看不见的竞争力

编　　著 /	林伟宸
责任编辑 /	尹　影
责任校对 /	吕　红
经　　销 /	新华书店
开　　本 /	787×1092毫米　1/16 开　印张/17　字数/248 千字
印　　刷 /	北京建泰印刷有限公司
版　　次 /	2012 年 6 月第 1 版　2012 年 6 月第 1 次印刷
书　　号 /	ISBN 978-7-5113-2365-1
定　　价 /	29.80 元

中国华侨出版社　北京市朝阳区静安里 26 号通成达大厦 3 层　邮编:100028
法律顾问:陈鹰律师事务所
编辑部:(010)64443056　　64443979
发行部:(010)64443051　　传真:(010)64439708
网址:www.oveaschin.com
E-mail:oveaschin@sina.com

微软公司前副总裁、现创新工场董事长兼首席执行官李开复说："我把人品排在人才所有素质的第一位，超过了智慧、创新、情商、激情等，我认为，一个人的人品如果有了问题，这个人就不值得一个公司去考虑雇用他。"

与其说 21 世纪是人才的竞争，不如说是人品的竞争。生活在这个人才济济的超强竞争性社会，人才能力的施展的确是基础，但若想获得当今社会更绝对的竞争力，非贴上珍贵而稀缺的品质标签不可。人品和能力如同人的左手和右手，仅有能力，没有人品，人将残缺不全。能力就像一把双刃剑，如果掌握在品德高尚的人手中，就将成为绝对竞争力，并以此为社会创造出无数的价值；相反，如果掌握在品德低下的人手中，它可能将时刻威胁社会的前进和发展。

人品首先是做人的基础，是一个人安身立命的根本。注重修养人品，可以让生命更美好。正直如山的人，威武不屈，贫贱不移，因此心境更平和，这样的人活得问心无愧，是踏实的；真诚厚道关乎一个人的生活方式，关乎人由内而外的道德品行，而不是名片上的印刷体头衔；上善若水的人，注重的是点点滴滴的善行，而不是卓越的成就，这样的人如春日里的涓涓细流，始终给人以温暖和希望；勤奋踏实关乎一个人的自身价值，而不是他的才华和能力，一个人即使没有绝顶的才华，也能靠着踏实勤奋耕耘出属于自己的成功。

此外，人品还是聚拢人气的前提，具有优秀人品的人懂得尊重他人，懂得待人谦和，因此，无论是在生活还是工作中，都能保持低调，远离恶性。人与人交往，其实本不需要那么多的尔虞我诈和阿谀奉承，只要给予真心，自然能得到将心比心，继而收获人心。人生在世，能够获得他人真心的人就是成功的人，这就是你的核心竞争力。

德行高于才华。现如今，许多人才济济的单位同样面临惨遭淘汰的局面，因为员工的人品起着决定性的作用。缺乏忠诚与敬业、自制担当的团队，往往更容易陷入假公济私、结党营私、尔虞我诈的内部争斗中。要知道，能力合格的人不一定是人才，而人品不合格的人一定是危险品。一个人的人品不好，即使有天大的才能，也不可能为公司创造福利，甚至会威胁公司的发展，而他的能力越大，对公司的损失也会越大。

人品几乎决定着整个组织与个人的方向与前途。在经营事业的道路上，要想获得成功、取得成就，就必须把人品放在第一位。商道即人道，做生意要先学会做人，只有具有好的人品才能做出好的品牌和信誉，才能预防和抵制一切不道德的手段；手中握好良知这副牌，才能做到取舍有度，达成互惠互利的双赢局面。

总之，人品是一种软性竞争力，它虽看不见，却能在不知不觉间强化你的内心，让你的心境更平和、让梦想更靠近现实，让交往更顺畅，让事业更辉煌，让你的人生更精彩。

《人品，看不见的竞争力》一书通过大量鲜活的案例与平实的语言，系统地诠释了人品的价值，剖析了能力的意义，让读者在认识到人品是最强竞争力的同时协助广大读者加强修炼、提高修养、职业长青、直达成功。

目录

MULU

∽✦✧ 为人篇 ✧✦∽

人品是安身立命的根本
没有伟大的人品，就没有伟大的人

> 人品关乎一种生活方式，而不是仅仅局限于一件事；人品关乎一个人由内而外的道德品质，而不是名片上的印刷体；人品关乎一个人点点滴滴的善行，而不是卓越的成就；人品关乎人自身的价值，而不是才华和能力。

第1章 正直如山
——人品以正直为本，这是为人的基础

正直如同高山，笑傲风云，是人类的脊梁，也是为人处世的根本。如果一个人能做到正直为人，那么他就有如神助，他的能力会得到超常发挥，并且别人也会心甘情愿地主动帮助他。

第2章　真诚厚道

——厚道不是老实的代名词，是做人的准则

一个真诚厚道的人，不论他有多少缺点，同他接触时，都能让你的心情感到清爽。这样的人，一定在事业上有所成就，在人生中能找到属于自己的幸福。

第3章　善良如水

——心地以善良为贵，用爱心唤醒人性的光辉

善良如同流水，滋养生命、灌溉心灵，它让我们用爱的力量唤醒人性的光辉，让整个世界都洒满温馨的阳光。

第4章　勤恳踏实

——脚踏实地做人，勤奋比才能更重要

一个人要想成功应有许多因素，这些因素或多或少，或有或无，唯独不能缺少的便是勤奋。在这样一个人才济济的时代，

勤奋比才能更重要。

处 世 篇

人品是聚拢人气的前提

优秀的人品能帮你赢得好人缘

具有优秀人品的人懂得尊重他人，懂得待人谦和，因此无论是在生活还是工作中，他们都能保持低调、远离恶性。人与人交往，其实本不需要那么多的尔虞我诈和阿谀奉承，只要给予真心，自然能得到他人赋予的同样的真心，继而收获人心。人生在世，能够获得他人的真心的人就是成功的，这就是你的核心竞争力。

第5章 尊重他人

——只有你先尊重别人，别人才会尊重你

尊重他人是做人的艺术，也是仁爱的情操。只有尊重他人才能获得他人的尊重，给别人留点空间，才能完成自我的修行，成就更大的舞台。

第6章　谦虚平和

——低调是一种生活态度，不是贬低自己去抬高别人

地低成海，人低成王；韬光养晦、淡定自若才能成大器。低调是做人的一种境界、生存的一种智慧。路径窄处，留一步与人行；滋味浓时，留三分让人尝。与人相交，谦虚平和得人心。

第7章　远离恶行

——人品关乎点滴的善行，而非卓越的成就

厚德善行，有容乃大。善待他人是一种仁慈，诋毁他人是一种罪恶；帮助他人即是帮助自己，点滴善行关乎人生成败。

❧ 职场篇 ❧

人品是成就事业的基石

德行高于才华，人品胜过能力

能力合格的人不一定是人才，而人品不合格的人一定是"危险品"。一个人人品不好，即使有天大的才能，也不可能为公司创造福利，甚至会威胁公司的发展；而一个品德高尚的员工，即使他没有过人的才华，也定能撑起一片天地。

第8章　自律自制

——连自己都管不了的人难当大任

歌德曾说过："一个人切不可放任自己，他必须克制自己，光有赤裸裸的本能是不行的。"人生在世，连自己都管不住的人必定不会在事业上有所成就。

第9章　勇于担当

——必须有人牺牲或奉献的时候，自己走在前面

职场上有一句话很流行，叫做"责任心有多大，你的舞台就有多大"。在职场中，责任与机会是如影随行的，要想获得成功的机会，你就必须走在别人的前面，担当起别人无法担当或者不敢担当的责任。

第10章　忠诚敬业

——职场中最闪亮的那颗明珠

在职场中，老板才是你最大的客户。无论你从事何种工作、身处何种职位，你必须知道一件事：忠于你的公司、忠于你的职位、敬业地完成每一份工作，你才能在职场上有发展。

第 **11** 章　兢兢业业

——你所做的一切，别人都看在眼里

在职场中，一个永恒不变的事实是：职位的升迁、薪水的提高是建立在把自己的工作做得比别人更完美、更正确、更专注而不计报酬之上的。这体现了你的责任心、你的牺牲精神以及解决问题的能力和品行问题，你会因为它们而获得成功。

❧❧ 经营篇 ❧❧

人品是价值连城的财富
成功的高度取决于人品的高度

在经营事业的路上，要想获得成功、取得成就，就必须把人品放在第一位。商道即人道，做生意要先学会做人，只有拥有好的人品，才能生产出好的品牌和信誉，才能预防和抵制一切不道德的手段；手中握好良知这副牌，才能做到取舍有度，达成互惠互利的双赢局面。

第 12 章　恪守信誉
——拥有好人品，才有好产品

待之以诚、取之以信，好的信誉成就好的产品。做人应该以诚信为本，诚信是人的内在品质要求，是人生岔路口的风向标；在人品的天秤上，好与坏的砝码将在诚信的标尺上得以显示。

第13章　舍利逐德

——停止一切"不道德"的手段

上善若水,厚德载物。在名利面前,我们不是任其摆布的奴隶,而是自我操控的主人。在造福他人的同时,请善待自己。

第14章　取舍有度

——拿与放之间隔着一座良知的桥

"舍得"既是一种生活的哲学,更是一种处世与做人的艺术。拿与放之间,是坚持还是忍让、放弃还是妥协,你需要量力而行。

第 **15** 章 **互惠互利**

——不要刻意把有可能是伙伴的人变成对手

我们生存在这个社会，就注定要与他人发生关系，如果想让你的交际向健康的方向发展，就需要采用合作双赢的方式，而不要把潜在的伙伴变成你的对手。

为人篇

人品是安身立命的根本
没有伟大的人品,就没有伟大的人

人品关乎一种生活方式,而不是仅仅局限于一件事;人品关乎一个人由内而外的道德品质,而不是名片上的印刷体;人品关乎一个人点点滴滴的善行,而不是卓越的成就;人品关乎人自身的价值,而不是才华和能力。

第1章

正直如山

——人品以正直为本，这是为人的基础

> 正直如同高山，笑傲风云，是人类的脊梁，也是为人处世的根本。如果一个人能做到正直为人，那么他就有如神助，他的能力会得到超常发挥，并且别人也会心甘情愿地主动帮助他。

小胜凭智，大胜靠德

俗话说："小胜凭智，大胜靠德。"说的就是：如果你只想获得小胜利、赚小钱的话，是可以凭借自己的高智商、小聪明达到目的的，但要创出一番大事业、拥有自己的一片天地的话，良好的品德是必不可少的。品德不仅是一个人的立身之本，还是一种隐形的竞争力。在如今的职场上，就算你有很强的能力，但若缺少良好的品德，仍然会处处碰壁。

不久前，在某杂志上看到过这样一个故事：

一位青年在28岁的时候成为了当今颇具知名度企业家，被邀请成为了一档名为《财富人生》的电视节目的嘉宾，当节目接近尾声的时候，按照惯例，主持人提出了最后一个问题："你认为事业成功最关键的因素是什么？"

他沉思片刻之后，没有直接回答主持人的问题，只是平静地讲了一个故事：10年前，有个小伙子刚高中毕业就去了英国，开始了半工半读的留学生活。渐渐地，他发现当地的车站几乎都是开放式的，不设检票口，也没有检票员，甚至连随机性抽查都没有。凭着自己的聪明劲儿，他精确地估算了逃票而被查到的比例大约为万分之三，他为自己的这个发现而沾沾自喜，从此之后，他便经常逃票，为此他还找到了一个安慰自己的理由：自己是一个穷学生，能省一点儿是一点儿。

4年过去了，他看着自己手里的名牌大学的毕业证书，对自己充满了自信。他开始频频地进入伦敦一些跨国公司的大门，踌躇满志地推销自己。然而，结局却是他始料未及的……

这些公司都是先对他热情有加，并且在面试的时候屡次暗示他将会被选中。然而数日之后，接到的电话却是婉言相拒。对此，他感到莫名其妙。为了找到自己被拒绝的原因，他写了一封措辞恳切的电子邮件，发送给其中一家公司的人力资源部经理，恳请他告知不予录用的理由。当天晚上，他就收到了对方的回复，当中这样写道"张先生，我们非常赏识您的才华，但当我们调阅了您的信用记录后，发现您有乘车逃票的记载，我们认为此事至少证明了两点：第一，您不尊重规则；第二，您不值得信任。鉴于以上原因，本公司不敢冒昧地录用您，请见谅。"

直到此时，他才如梦初醒、懊悔不已。然而，真正让他产生一语惊心之感的是回信中最后摘录的一句话：品德常常能弥补智慧的缺陷，然而，智慧却永远填补不了品德的空白！第二天，他就起程回国了。

故事讲完了，场面一片沉寂。主持人困惑地问："这能说明你的成功之道吗？"

"能！因为故事中的年轻人就是曾经的我。"他坦诚而高声地说，"一个人要想成功，不仅仅要靠智慧，还要靠品德。"

现场顿时掌声如潮。

一个人靠着自己的聪明才智可能在某方面做成了某件事，但由于他们在道德质量这一环上分值太低，他们跌倒的次数会更多，他们的人生道路也会更加曲折，故事中有着3次乘车逃票记载的青年就说明了这一点。

大德之人必有大誉，此种荣誉并非去刻意追求，只是对于具有大德的人来说，大众的苦乐就是他的苦乐，大众的利益就是他的利益。他们不求声名而自有声名，不求荣誉而自有荣誉。

美国哈佛大学行为学家皮鲁克斯在《做人之本》一书中曾说："做人不是一个定下几条要求的问题，而是要从自己的根本开始，把自己变成一个以德为本的人，否则你就决不会赢得别人的信任，更谈不上成功的人生，反而会让你的人生早晚塌方的。"

1986年，香港领带大王、金利来集团公司董事局主席曾宪梓先生在内地赞助了一场"宪梓杯"足球比赛。当时，一名叫做罗活活的杂志社记者参与了这次活动，并负责夜宵安排和纪念品发放工作。

球赛结束后，罗活活把剩余的600元钱和6条领带交还给了组委会。对罗活活来说，这是一件再正常不过的事，但曾宪梓却从中看到了她的高尚品德。曾宪梓通过几天对罗活活的观察，发现罗活活有着过人的组织能力和干练的工作作风。由于当时的"金利来"打入中国内地出师不利，急需本土经营人才，于是曾宪梓向罗活活发出了加盟"金利来"的邀请。

1987年，罗活活正式进入金利来(中国)服饰皮具有限公司，出任总经理。后来的事实证明，曾宪梓慧眼识人才，罗活活在短短的两年内就让金利来(中国)服饰皮具有限公司扭亏为盈，到1995年，其销售额突破了10亿元。

在连年翻番的销售额的背后，是罗活活大胆的拼搏精神和独特的经营理念。1995年，国家统计局及中国技术评价中心授予罗活活"中国经营管理大师"称号。1997年10月，罗活活被曾宪梓任命为金利来集团有限公司总经理。

罗活活起初是杂志社的一名普通记者，因为为人坦诚，使她进入了人生的另一个更广阔的舞台——商界。这跟她的聪明才智有着很大的关系，但真正给予她机会的却是她优良的品德。观察那些伟人就会发现，或许他们成功的过程各不相同，但有一点却是相同的，那就是都有着优良的品德。而那些长于研究"技巧"、善于钻营之人，也许能小有成绩，但决不会走得太远。

作为一名职场人士，如果你认为有了超强的能力就能获得成功而忽视了品德的修炼，那么你很可能就会因为品德而使你的人生"四面楚歌"。记住，这个世界到处都是有才华却穷困潦倒的人，要想获得成功，不仅要有能力，还要有品德。任何时候，品德都是不可或缺的，甚至有时品德比能力更重要。

守住道德的底线：君子爱财，取之有道

对于钱，任何人都喜欢，因为钱不仅仅是一种货币，而且还是一种身份的象征。钱在生活中扮演着重要的角色，而获取它的方法也是多种多样的。有的人因为急需钱财而不择手段，专干损人利己的事，以此来牟取利益；有的人可能认为这是一种迅速致富的方法，事实上，这是一种极其狭隘、没有眼光的致富意识，有这样思想的人永远也无法成为真正的富人。

孔子曰："君子爱财，取之有道。"这里所说的"道"，就是指取财必须要合乎规则，通过正规的渠道。在职场中或者生活中，有的人总是容易忘记自己的角色，忘记自己必须要为公司争取利益，这样的人迟早会因此而身败名裂。

小王是一位业务能力很强的青年员工，一年来，他为公司签订了大量的合同订单，而且有着众多的客户，业绩在公司里数一数二，这么优秀的员工，

人品，
看不见的竞争力

可是转眼间就被公司炒了鱿鱼。为什么呢？因为他的品德相当低劣，每做一单，他都要拿"回扣"、"捞外款"，而且比较"狠"，好几次让对方开发票时都多开4位数字的款项据为己有。

失去工作的小王，虽然后来很快地就找到了新的工作，并且再没有做出拿回扣的行为，但是一段时间后，在新老板对小王的过去有所了解的情况下，小王最后还是被开除了。

小王在短短的时间里连续被两位老板炒了鱿鱼，究其原因，这不是他能力上的问题，而是他品德上的问题。一个人的品德低劣到了这个程度，相信没有一个老板敢轻易任用他。即使有人看重了小王的能力，给了他一份工作，他也不会得到重用。

在现实生活和工作中，录国家利益、社会利益、单位利益和个人利益发生冲突时，有些人往往眼里只盯着个人的利益，不能坚持原则，被动或主动地做出了一些违反道德和法律的行为，案例中的小王就是他们的真实写照。从古至今，道德一直是人类的行为准则，在竞争越来越激烈的今天更得以发扬光大，并成为成就大事所不可或缺的重要条件。

严长寿于23岁时进入美国运通公司工作。他从一名帮别人做那种纯粹跑腿、服务等最简单的事情做起，在短短的5年的时间，他便坐上了美国运通在中国台湾地区的总经理的位置。

在这5年的时间里，严长寿在一件件事情、一项项工作和一个个职位上表现卓越。他在《总裁狮子心》一书中叙述了自己成长的故事。在他的成长过程中，他也受到各种各样的诱惑，但他从来没有偏离方向和正途。

运通公司在成立旅游部门的时候，需要采购一些办公用品，当时还是普通员工的严长寿负责了这项工作。有个朋友告诉他，有的经销商会从香港地区进口二手货，稍作整理和修复之后就卖给中国台湾的公司，所以验收的时候千万不能掉以轻心。后来，经过报价、比价之后，他打算跟一家贸易商订货，很快他们便谈妥了价格，签好了合约。就在签好合约后的第二天，那个贸易商就跑来请严长寿吃饭，走的时候还给了他一个信封，严长寿打开一看，里面大约有 10000 块钱，这相当于他 5 个月的薪水。

严长寿没有多想就把这件事情告诉了总经理。总经理认为既然合约都已经签了，账也已经结了，东西还是要买。一个月过后，公司订的货送来了，严长寿查看了一下，发现两个箱子是原封不动的，两个是已经拆封过的，另外一台打印机更是什么包装也没有，是直接运到公司的。严长寿进一步检查之后发现 3 台打字机有使用过的痕迹，于是要求对方更换，但对方保证说这些都是新货，并辩解说箱子是海关拆验的，但严长寿还是坚持让对方把货运回去。

结果 3 天后，总经理就接到一个陌生电话，电话那头说："贵公司有一位姓严的年轻人索取回扣，还故意找茬，刁难厂商。"

你拿了对方的回扣，对方自然不会塞好东西给你，而你如果有拒收的胆量，旁人就可以很专业地判断这件事情的真实情况。结果，总经理听了哈哈大笑，回答说："这件事我早就知道了，10000 元在我这里，如果你现在不拿回去的话，我就会把这些钱转做员工的福利基金！"

想想看，如果当初严长寿收下了这 10000 元的回扣，他在美国运通就不会有进一步的发展，也不可能在短短的 5 年时间里坐上了美国运通在中国台湾地区的总经理的宝座。美国运通公司里比严长寿有才能的人多得是，为什么这些人得不到晋升？那么只有一个原因，那就是在道德品德上，他们比严长寿逊色了许多，这就是为什么成功者总是那么少的原因之一。为了个人的利益而损害企业的利益，这样的人，没有一个老板愿意要。

生活中，即使外界赋予你这样不道德的行为，你也要坚持自己的原则，不要为了个人小利而让自己的品德受损。记住，品德也是一种竞争力，虽然在短时间里，你的老板看不见，但是时间一长，老板必会被你优良的品德所折服。

有一家大公司要招一名财务总监，前来面试的人很多，经过层层选拔，最后只剩下3个人，3人的能力不相上下，这让招聘负责人不知该选何人，于是请示了老板，老板让负责人问每一应聘者同样的问题："你怎样能帮公司逃掉200万元的税？"

3人都绞尽脑汁地想办法，第一位应聘者说如此这般做些手脚；第二位应聘者说那样做一下账，绝对不会被发现……

听完这些答案后，招聘负责人点了点头，但什么也没说，只是让他们回家等通知。轮到最后一位应聘者时，负责人问了同样的问题，应聘者听完一愣，他沉吟一会儿，然后问："您确定要这样做吗？"

招聘人点了点头，应聘者什么都没有说，就向门口走去，表示退出。这时，招聘负责人站起来冲他笑着说："先生，请留步，您是我们见过的应聘者中最有原则的。祝贺您通过了最后的考试，欢迎您加入！相信您能把公司的工作做得非常出色。"

对老板来说，最优秀的员工不仅需要有超强的能力，更要具有这家公司所需要的品德，这就是最后一位应聘者被录取的原因。国有国法，行有行规，职场也有职场的游戏规则。不损人利己、不见利忘义、办事公道、讲究公德是职场的基本操守，越过了这一操守就逾越了人生底线，虽然在短时间里你会得到一些利益，但是从长远来看，你会因此断送职业前程。

在我们的工作环境里总是有着各式各样的诱惑，想要抵制这些诱惑，就需要我们用职业道德来支撑自身的行为。每个员工都须记住：无论在任何时候，都不要赚取不义之财，要坚守自己的职业操守，守住自己的道德底线。

做一个德才兼备的人

人人都希望自己在事业上能够有所成就，在生活上甜甜美美，在人际关系上得到别人的好评。那么如何才能做到这一点呢？其实，秘诀很简单，就是做一个德才兼备的人。总结起来就是修德以养才、修才以养德，德才互动，从而实现德才兼优。

所谓"德"，指的是一个人的品德，包括思想质量、道德修养等所有与精神境界有关的内容。自古以来，人们都把德看得很重，认为德对于一个人是至关重要的。为什么"德"放在"才"的前面，而不是"才德兼备"呢？可见"德"比"才"更被重视。

"德"，体现了一个人的质量，现在的企业更是拿它来当做录用人才的首要标准，甚至有些企业招聘时明确表示"有才无德莫进来"。如果一个领导者一旦缺乏德行，那么他就无法获得下属的尊敬，也就无法获得成功。一个员工如果一旦缺乏德行，那么他就会遭受公司的轻视，甚至解雇。

很多著名企业在用人上都秉持这样的原则：有德有才，破格使用；有德无才，培养使用；有才无德，观察使用；无德无才，坚决不用。万科企业股份有限公司是一家实力雄厚、声誉卓越的专业房地产公司，万科对人才素质要求的首要原则是"德才兼备，以德为先"。

"德才兼备"当然是最理想的，但是现在的社会有很多诱惑，导致真正"德才兼备"的人很少。所以，在现实中，企业不可能对所有的人都提出这种苛刻的要求。在这种情况下，企业家更强调"以德为先"。当然，如果你是一个"德才兼备"的人，那肯定是每一家企业最需要的理想人才。

有一家公司的董事长一直想找一位德才兼备的人来任总经理，但连续

人品，
看不见的竞争力

几天下来，几十位应聘者中没有一位能通过董事长的考试。这天，一位28岁的海归博士前来应聘，董事长没有叫他去公司面试，而是通知他凌晨3点钟去他家考试。

于是，这位青年于凌晨3点就来到了董事长家的门前，他按响了门铃，却未见有人来开门，一直等到8点，董事长才让他进门。董事长拿出一张白纸说："请你写一个白饭的'白'字。"他写完之后，董事长就叫他回家等消息。

第二天，董事长就宣布这个年轻人通过了考试，很多人对此充满了疑惑，董事长说："他是一位具有博士学位又有牺牲的精神、忍耐、谦虚等品德的人，这样德才兼备的人，还有什么好挑剔的呢？"

原来，董事长让他凌晨3点去他家，是考察青年是否有牺牲睡眠的精神；让青年在门口空等5个小时，是考察青年的忍耐；后来让青年——堂堂一个博士写5岁小孩都会写的字，他也肯写，是考察他的谦虚。这3个考题青年都一一考过，已经称得上是一位德才兼备的人才了，所以，董事长决定聘用他。

在竞争激烈的现实社会中，想要求生存，的确需要才能，但是有充分的才能就足以应付一切吗？这无疑是痴人说梦。古人说，有才无德不为才，有德无才也不为才，只有德才兼备才是真正的人才。

"德才兼备"是全世界无数组织千百年来都遵循的价值观、人才观，其本质是要求人们的一切行为都要做到有德、有才，两者兼备。事实上，一个人的才能越高，德与才的关系就越密切、越重要。德不仅由才所体现，而且为才所深化、升华；才不仅由德所率领，而且为德所强化、所启动。

杰克是美国一家比较小的网络公司的工程师，公司时刻面临着规模很大的肯比亚网络公司的压力，处境很艰难。

一天，杰克的朋友詹姆斯——加洛斯网络公司的技术部经理跟他一起吃饭的时候，对杰克说："听说你们公司快要倒闭了，你现在最好把公司的一些数据带走，如果你给我的话，我会给你回报的。"

听到詹姆斯这么一说，一向温和的杰克马上就愤怒了："詹姆斯，如果你是这样的人的话，我就当没有你这样的朋友。"

"杰克，别生气，我只是随口说说。"詹姆斯见杰克这种反应，不但没生气，反而在脸上露出了一个欣赏他的笑容，接着他又说，"别生气，这件事当我没说过。来，干杯！"不久，杰克所在的公司因经营不善而破产了，失业的杰克一下子找不到对口的工作，只好在家里等待机会。没过几天，杰克竟意外地接到加洛斯网络公司总裁打来的电话，说是让他去一趟加洛斯网络公司。

杰克没有向他们公司投过简历，再说，之前加洛斯网络公司一直对他所在的原公司进行打压，他想不出这个"老对手"找他有什么事。他疑惑地来到加洛斯网络公司，出乎他意料的是加洛斯网络公司的总裁热情地接待了他，并且打算聘请他为"技术部经理"。

杰克惊呆了，他喃喃地问："你并不了解我，我想知道你为什么这样做？"总裁哈哈一笑，说："詹姆斯退休了，他向我推荐了你，你不仅技术很棒，而且人品也不错，你是值得我信任的那种人！"

杰克一下子明白过来了为何当时詹姆斯露出了那样的笑容。后来，杰克凭着自己的技术和管理水平，成为了一名一流的职业经理人。

由此可见，如果你是一位德才兼备的人，不仅会让你身边的人敬重你，还会让你的对手敬重你，这也是杰克为什么能在很短的时间内找到一份不错的工作的真正原因。一位企业人力资源经理说："我们在招聘员工时首先把品德放在第一位。如果一个人的品德有问题，他的能力越大，他给公司造成的损失就越大。"尤其是那些身居要职而又居心不良的精明能干者，这种人参与了公司的经营决策、了解了公司的商业秘密，他们的某些行为甚至可能直接决定公司的生存与发展。

再回到杰克的故事上来，难道加洛斯网络公司里就没有真正有才能的人吗？肯定不是。詹姆斯之所以在退休之前向总裁推荐了杰克而不是自己的下属，从这一点上就可以看出詹姆斯把公司利益放在第一，而詹姆斯之所以推荐杰克，可能是自己的下属比杰克的能力和品德稍逊一筹，这也足以显示德才兼备的人是多么受欢迎。因此，要想成为企业和组织重用的人才，就必须做到德才兼备。不管你在企业或者单位中扮演何种角色、担当何种职位，德才兼备都是你努力的方向。

对人仁慈，别人才能对你回报仁慈

小时候，父母、老师们教导我们要有一颗仁慈的心，帮助别人，别人才能帮助自己。然而，有些人眼睛总是盯着社会中暴力、争斗、陷阱、冷漠……他们认为对他人仁慈就是对自己不公。

然而，这种思想太过偏激，因为只要你细心地观察，就会发现仁慈无处不在，而且生命之所以绵延不息，正是因为人们彼此仁慈相待。一个路人为你指点车站的方向、一个陌生人帮你搬运沉重的行李、一位同事专心倾听你的抱怨、一个朋友为你加油鼓劲……这些微不足道的、从不曾大肆宣扬的生活小插曲，都是仁慈的表现。

原来，我们每个人都心怀仁慈，只是很多时候连自己都浑然不知：原来帮助别人就是帮助自己。可以说，仁慈使我们战胜烦恼、困苦，给毫无生气的生活赋予了不同的意义和价值。

在英国的一个小镇里住着一位索罗斯太太，她是一个孤寡老人，并且以慈善而闻名。她经常通过慈善机构向那些遭遇不幸的人捐赠财物。

可是就在上个礼拜，她遇到了一件很棘手的事：当地的一家慈善施乐会不断地上门游说，希望她把郊外的一块土地捐献出来，给一些孤儿盖一所孤儿院。他们已经筹集到了足够的资金，现在唯独找不到一块合适的土地，而索罗斯太太的那块土地最为合适。

对此，索罗斯太太很苦恼。她虽然很同情那些孤儿，但还是决定拒绝慈善施乐会的请求，因为那块土地对于她有着非同一般的意义：那块土地是索罗斯太太祖祖辈辈历尽艰辛而延传至今的，还刻有索罗斯太太美好的童年印记。何况，索罗斯太太的身体一日不如一日，她正打算在那块土地上养老，度过余下的时光，所以，这块土地对她未来的生活十分重要。

这一天，索罗斯太太走出家门，她打算把自己的决定告诉慈善施乐会，好让对方彻底打消让她捐出那块土地的想法。在过马路的时候，由于满脑子想着孤儿院和那片土地的事，索罗斯太太没有注意到过往的车辆，结果差点儿被车撞到，还好一位好心人及时拉了她一把。

当索罗斯太太推开慈善施乐会的大门时，被眼前的情景震撼了：人们虽然忙来忙去，但脸上都带着灿烂的笑容，而这些人大多是义工。这时，一位年轻的小姐注意到了索罗斯太太，就立刻走了过去，热情地为她端上一杯茶。

看着这些忙来忙去的人，索罗斯太太又想起刚才过马路的时候帮助她的那位好心人，一时感慨万千，她觉得，自己以往做的那些善事实在微不足道。平日里，她所捐献的不过是自己当下认为可有可无的东西，或者只是一些"多余"的零花钱，她很少把那些对自己有用的东西贡献出去。然而，路边那位好心人还有眼前这位忙碌的义工小姐，他们却是赠与他人自己眼下最有用、最需要的东西，这才是真正的对人仁慈。

索罗斯太太看了一眼那位义工小姐，然后径直走进了施乐会办公室，她对施乐会的负责人说："我刚才决定捐出郊外的那块土地，祝愿孤儿院能早日落成。"

仁慈是一种美德、是一种修养，更能体现出一个人优良的人品。一个人的成功有时并不需要波涛汹涌式的艰难历程，可能需要的仅仅是出于他的仁慈之心的一句话或一个小小的举动，所以，如果你在职场中或者生活里懂得处处为别人奉献爱心和责任，在不经意间就会遇到幸运之神。

一天下午，突然下了一场大雨，行人纷纷跑进就近的店铺躲雨。这时，一位浑身湿淋淋的老妇人步履蹒跚地走进一家百货商店，售货员看着她狼狈不堪的样子和简朴的衣着，都对她爱答不理。

这时，一位年轻人出于内心的道义走了过来，对她说："夫人，我能为您做点儿什么吗？"老妇人莞尔一笑，说："不用了，我在这里躲会儿雨，马上就走。"随即老妇人又心神不定了，因为不买人家的东西，却借用别人的屋檐躲雨，一般人都会觉得不近情理。

于是，她开始在百货店里转起来，即使只买一个小饰品，也算是给自己躲雨找了个光明正大的理由。正当她有些茫然时，那个年轻人又走了过来，诚恳地说："夫人，您不必这样，我给您搬了一把椅子，放在门口，您坐着休息就是了。"

两个小时后，雨过天晴，老妇人向那个年轻人道了谢，并向他要了张名片之后就颤巍巍地走了出去。

这本来就是一件微不足道的一件小事，年轻人也根本没把它放在心上。然而，几个月后，这家百货公司的总经理收到了一封信，写信人要求将这位年轻人派往苏格兰负责一个金额巨大的订单，并让他负责自己家族所属的几个大公司下一季度办公用品的采购。

对此，总经理震惊不已，匆匆一算，只这一封信带来的利益就相当于他们公司一年的利润总和。

当总经理以最快的速度与写信人取得联系后，才知道这封信是之前那位老妇人写的，而她正是美国亿万富翁"钢铁大王"卡耐基的母亲。

于是，总经理马上把这位年轻人推荐到公司董事会，当这位年轻人收拾好行李准备去苏格兰时，他已升为这家百货公司的合伙人了。随后的几年内，这位年轻人凭借着他一贯的负责和诚恳，成为"钢铁大王"卡耐基的左膀右臂，在事业上平步青云，成为在美国钢铁行业中举足轻重的人物。

上面的这个故事告诉了我们一个道理：一个懂得仁慈的人更适合做大事，并能得到别人无法获得的机会。"仁慈"有两种含义，一是包容，二是帮助。包容是指当别人犯错、影响到了你的利益或者别人伤害你的时候，能做到包容别人。帮助是指放弃自己的利益，发自内心地帮助别人。

英国的一位作家奥尔德斯·赫胥黎一直致力于如何发挥"人类潜能"的研究，为此，他对各种方法加以研究探索，包括催眠和禅学。在他晚年的一次演讲中，他说："经过多年的实验，我发现最有效地转化生命的方法就是仁慈一点儿。"

是的，仁慈一点儿。对别人仁慈，别人才会回报你仁慈。沙伦·萨兹柏曾在她的著作《爱上仁慈》中写道：如果你仁慈，第一，你会拥有一个舒适的睡眠；第二，你会受到别人的尊敬；第三，人们都会爱你；第四，当你困难的时候，人们都会主动帮助你。由此可见，仁慈也是有力量的，这种力量虽然无法触摸，但却能感受得到，并且这种力量非常巨大。在与别人竞争的时候，这种力量还能让你获得更多的机会。

正直的品德有着奇迹般的力量

一个人要想成功并不是很难，只要他具备了获取成功所需要的条件，如聪慧的大脑、充沛的精力、卓越的实际能力。但这些只能让他获得一时的成功，要想成为真正的成功者，还需要加上一个因素，有了它，才能发出3倍及4倍的力量，这个奇迹般的力量就是正直的品格。

做人要正直、做事要正派，堂堂正正才是立身之本、处世之基。俗话说

人品,
看不见的竞争力

"人正不怕影斜,脚正不怕鞋歪",正直的人才会心安梦稳;品行端正,做人才有气场。你要想赢得他人的信赖与尊敬,就需要做到"心底无私天地宽,表里如一襟怀广"。做人要有根有据,一是一、二是二,说真话、做正事,面对成功你才能心安理得。

张晓燕刚从一所医学院毕业就来到了一家大医院实习。张晓燕十分聪明,在实习期间跟同事们和病人相处得很好,尤其在手术室,她眼尖手巧,做事干净利落,穿针引线的速度连护士长都叹为观止。

虽然张晓燕聪明能干,但也有个"毛病",就是只要认清了理,她就抓着不放,直到使对方服了才善罢甘休。对此,医院的人对她褒贬不一,有的说她固执得可爱,有的说她骄傲得可恶,但李主任却非常喜欢她这种品格。

有一次,李主任亲自主刀抢救一位腹腔受伤的重伤员,器械护士正好是张晓燕。复杂艰苦的手术从中午进行到黄昏,手术进展得很顺利,当李主任宣布缝合病人的伤口时,张晓燕却出人意料地说:"先不要关腹,少一块纱布。"

李主任问:"没有,赶紧封上。"

张晓燕说:"确实是少了一块,本来是16块的,但是现在只拿出了15块。"

"你记错了。"李主任肯定地说,"我已经都取出来了,手术已经进行大半天了,立刻关腹"。

"不,不行!"张晓燕大声说,"我记得清清楚楚,手术中我们用了16块纱布。"张晓燕的话让李主任这位资深的著名外科专家似乎生气了,于是他果断地说:"听我的,关腹,有事我负责!"

张晓燕这时又认死理了:"主任,你不能这样做!我们是医生,救死扶伤是我们的责任,也是我们的工作,再说,这位同志是为了挽救国家财产而英勇负伤的,他是英雄啊!"她坚决阻止关腹,要求重新探查。直到此时,李主任的脸上终于浮起一丝欣慰的笑容。李主任点点头,接着他欣然松开一只手,

16

向所有的人宣布"那块纱布在我手里。晓燕，你是一位优秀的手术护士，你将成为我的助手。"

可以说，良好的品格是人性的最高表现。一个人正直的品格不需要多少特殊的举动，如水一般静静流淌在他的日常行为中。

在英语中，正直还有"完整"的意思。在数学中，整数的概念表示一个数不能分开。同样，一个正直的人也不能把自己分成两半，他不会心口不一，想一套说一套。一个正直的人不可能撒谎，也不会表里不一，说一套做一套，因为他从来不会违背自己的原则。如果一个人能时常检点自己的言行，那么他就拥有了更加充沛的精力和清晰的头脑，从而必然会获得成功。

海瑞，字汝贤，号刚峰，广东琼山人，明朝著名清官。海瑞是一个正直坦荡的人。20多岁的时候，他中了举，被分配到南平县当教官。有一次，延平府的督学官到南平县视察工作，海瑞和另外两名教官前去迎见。

当时在官场上，下级迎接上级，一般都是要跪拜的，可是，当海瑞见督学官的时候却只行了抱拳之礼。督学官看着海瑞一副坦然的样子大为震怒，训斥他不懂礼节。海瑞不卑不亢地说："按照大明律法，我堂堂学官为人师表，对您不能行跪拜大礼。"这位督学官虽然怒发冲冠，却拿海瑞没办法。

事后，那两名教官抱怨海瑞，海瑞说："我们堂堂学官要以身作则，怎能做出那种阿谀奉承之举！正直为人，才是我等的做人准则！"一席话，说得二人羞愧不已。

后来，海瑞因为考核成绩优秀，被授予浙江淳安县知县。淳安县的经济比较落后，但处于南北交通要道上，所以平时有很多接待应酬。繁重的应酬自然都摊在百姓的头上，弄得百姓苦不堪言。但海瑞上任后严格按标准接待，对吃拿回扣的官员毫不客气。

有一次，浙江总督胡宗宪的儿子路过淳安，住在县里的官驿里。因为海瑞立了规矩：不管达官还是贵戚，一律按普通客人招待，所以驿吏送上了普通的饭菜。胡宗宪的儿子被人奉承惯了，所以一看见那些饭菜就大怒，不仅掀翻了桌子，还把驿吏捆起来绑在树上打。

海瑞闻讯赶来，命令一大批差役赶到官驿，把胡宗宪的儿子和他的随从统统抓了起来，带回县衙审讯。那个胡公子觉得自己的父亲官大，认为海瑞不敢拿他怎么样，所以对着海瑞做出一副暴跳如雷的样子。

海瑞镇定地对胡公子说："总督是个清廉的大臣，他早有吩咐，要各县招待过往官吏不得铺张浪费。而你排场阔绰、态度骄横，肯定不是胡大人的公子。你是什么人，胆敢冒充胡公子来本县招摇撞骗？"说完，就让人准备对他施行一顿痛打。

在海瑞的强硬态度下，胡宗宪的儿子只得认错，最后灰溜溜地走了。胡公子前脚刚走，海瑞就把报告送给了总督府，说有人冒充公子，非法吊打驿吏。胡宗宪明知道他的儿子吃了大亏，但海瑞有理有据，无奈之下，只能当做什么都没发生过。从此以后，途经淳安县的官员都不敢再有"敲诈勒索"的行为了。

海瑞一生都在与恶势力做斗争，他说："食君之禄，忠君之事。身为百姓的父母官，就要为百姓出头，不能向恶势权贵低头。正直为人才无愧于母亲的谆谆教导，才对得起自己的良心。"

海瑞是中国历史上有名的清官，他为人刚毅正直，从不谄媚逢迎，虽然生活清贫，但在为人这方面他无疑是成功的。海瑞告诉我们：正直这种力量不仅能让你获得成功，还能让你因此无愧于人生。

马丁·路德在死前说："做违背良知的事是会下地狱的。我坚持自己的原则，即使身死，我也要坚持正直。"正直之所以有一种奇迹般的力量，是因为它会给一个人带来很多好处：友谊、信任、钦佩和尊重，所以，做人一定要走得直、行得正、做得端，正直为人，才能取得最后的成功。

在生活中，我们偶尔会看到某些小人反而能很快取得成功，这就会让人产生疑惑:难道正直做人不对吗?正直做人对不对,不要被表面现象所迷惑。"小人"取得的成功都是不牢靠的,因为他们的基础是薄弱的,就像是豆腐渣工程,虽然进度很快,但由于粗制滥造,建成以后的风险也是巨大的。

正直做人是正道,那我们应该怎样培养正直的品格呢?

1.严格要求自己

如果一个人对自己放松要求,就会养成不好的习惯。最后,坏习惯会改变他的人生航向。所以,我们要严格要求自己,不给自己变"坏"的机会。

2.严格要求他人

所谓"近朱者赤,近墨者黑",我们或多或少都会被身边人给影响。若是想要做一个正直的人,不仅需要注意自己的言行,还要注意他人。要想让别人的坏习惯不影响我们,我们就要帮助他们改掉坏习惯。所以,严格要求他人,不给自己变"坏"的机会。

第 2 章

真诚厚道

——厚道不是老实的代名词，是做人的准则

一个真诚厚道的人，不论他有多少缺点，同他接触时，都能让你的心情感到清爽。这样的人，一定在事业上有所成就，在人生中能找到属于自己的幸福。

厚道是人生的品格中最闪亮的明珠

在《论语·学而》中，子禽问子贡曰："夫子至于是邦也，必闻其政，求之与，抑与之与？"子贡曰："夫子温、良、恭、俭、让以得之。夫子之求之也，其诸异乎人之求之与？"

这段对话的意思是：子禽问子贡说："我们的老师每到一个国家，都能知晓那个国家的国情政事。这是他自己去问的，还是别人主动告诉他的呢？"子贡说："这是由于他老人家的温和、善良、恭敬、节制、谦让的高尚表现，使各国国君主动拿国政向他请教。他老人家得到的方法，大概与别人求得的方法不一样吧？"

子贡评价孔子的这 5 个字："温、良、恭、俭、让"，不仅是对孔子的赞誉，

也是对道德品质的推崇。温、良、恭、俭、让作为一种内心道德修养的外在表现,既是做人之德,又是做事之器。说得更简单一点,就是做人要厚道。

在生活中,我们常见到这样一种人,他们态度蛮横、行为霸道,恨不得将所有的好东西都据为己有,但结果他们却处处受到别人的排斥,得到的东西也很少,而拥有温、良、恭、俭、让这5种美好品德的人,虽然他并未有意地去索取,但上天并不负于他,那些理应属于他的以及他所应得的东西,都会尽其所用、触手可及。

战国时期,赵国有一位叫做蔺相如的文官因为在渑池会上立了功,维护了赵国的尊严,成功地将国宝和氏璧带回了赵国而官居相国之位,成为朝中的重臣。

廉颇是赵国的大将,屡次攻城略地、威名远播。他在战场上是常胜将军,守必固,攻必取,几乎百战百胜、威震列国。强大的秦国就是因为廉颇的存在,所以很长时间都没有对赵国采取军事行动。

廉颇的功勋都是在战火中打出来的,在他看来,蔺相如只不过就是要要嘴皮子,可官职却位于自己之上,于是廉颇心怀不满,公然扬言有机会要当众羞辱蔺相如。蔺相如知道此事以后不以为然,他并不想与廉颇争高低,而是采取了退让的态度。蔺相如为了在上朝时不使廉颇觉得位列自己之下,总是称病不去,即使出门的时候,蔺相如在乘车时远远望见廉颇迎面而来,索性引车躲避,让廉颇的车先过。

蔺相如再三的退让使自己的门客都看不过去了,门客一齐劝他说:"我们因为仰慕您的品德,才来侍奉您。现在您与廉颇职位相同,他对您恶言相加,您却一味地躲避,这实在有悖于您相国的身份,就连我们这些门客都感到耻辱!我们实在没有才能,请允许我们告辞吧!"

蔺相如很理解大家的心情,他竭力挽留他们说:"我并不是畏惧廉颇,秦王如此凶残狠毒,我都敢当庭呵斥、羞辱他的群臣,我还会怕廉颇吗?我所担心的是，强秦之所以不敢出兵赵国，就是因为我和廉颇同在朝中为官，他惧怕我们这文武二人啊。如果我们相斗，必有一人受伤，我之所以回避他，完全是考虑赵国的安危啊！"

蔺相如的话传到了廉颇的耳朵里，他如梦方醒，原来蔺相如以国家利益为重，一直不与自己计较，于是廉颇深感惭愧。为了表示自己的歉意，廉颇赤裸着上身、背着荆条来到蔺相如的府上请罪。从此，两人结为刎颈之交，生死与共。

这就是我们所熟知的"负荆请罪"的故事。千百年来，人们钦佩蔺相如的智慧和忍让，也尊重廉颇的知错能改、坦率真诚，而支撑这两个人行为的正是一种宽广坦荡的胸怀。不是每个人都能像蔺相如那样在对方节节挑衅的时候始终让步，只因为他心中装的是国家的安危和百姓的生活；也不是每个人都能像廉颇那样听到蔺相如的话便立刻尽释前嫌，负荆请罪，只因他心中有对高尚的尊重、对自己人格的高标准要求。

有人说：美德当不了饭吃，做人不应该厚道，在这个一切讲究实际的社会里，你跟别人谈道德、谈人品，反而会让自己吃亏，这其实是一种短视之见。真正有眼光、想成就大事的人，无论是发自内心还是刻意表现，都会把温和、善良、温良等美德作为自己的处世工具，用以弥补自己专业技能上的不足。

拿破仑·希尔是美国著名的成功学大师，他写了著名的《思考致富》和《成功法则》。这两本书对很多人的财富成功起到了很大的思想启蒙和行动推动作用。

拿破仑·希尔早期是一位煤矿工人，他不仅工作认真负责，还养成了一个致富的习惯，那就是提供额外的超值服务。他每天总是提前上班，为8小时的工作提前做好各种准备。由于他的额外付出，很快就被提升为小组长，后来又被提升为煤矿经理。

他离开煤矿后,做过推销员、报社的文员、杂志社的记者等多种工作,但无论是哪一份工作,他都能在很短的时间之内得到加薪,而职务也很快提升,他有好几次被提升为经理的经历。

他的秘密只有一个,那就是肯于付出。他领取 8 小时的工资,往往会工作 9 小时或 10 小时。他领取 100 美元的报酬,往往付出 200 美元或 300 美元价值的服务。由于他肯于多付出,不但学到了很多东西,还彰显了自己高尚的人品,使他像金子一样闪闪发亮,无论走到哪个公司都能很快出人头地。

拿破仑·希尔起初只是一个普通人,但他每次都能成功。不论做什么事,不论在哪个公司工作,他都坚持这一点,那就是:额外付出。额外付出让他的能力在很短的时间里得到大大的提升。无论在哪个单位工作,这样的人都能很快地得到上司或老板的赏识与重用。

因此,厚道做人不吃亏,而且还能带来很多好处。当然,厚道并不是让你在任何时候都一味付出、对任何人都深信不疑。毕竟在这个社会上,还有一些品德不良的人,如果你对待他们也老实厚道、深信不疑,那么就很容易受到欺骗。

总之,德的力量是无穷的,一个道德高尚的人即使没有过人的才华和娴熟的技能,也同样能够使自己成就不凡的人生。因此,即使你从来没有了解过品德的重要,但只要你能从现在开始培养自己的品德、提升自己的修养,一样可以在这个竞争激励的社会开辟出属于自己的一片天地。

真诚是你获取成功的通行证

日本著名的佛学大师池田大作说:"一个诚实的人,不论他有多少缺点,同他接触时,心神就会感到清爽。这样的人,一定能找到幸福,在事业上有所成就,这是因为你以诚待人,别人也会对你以诚相待。"

当你走进一家新的公司的时候,一切都是陌生的,在这里,你没有资历、没有地位,你要想尽快在这里站稳脚跟,就不妨彻头彻尾地坦露真诚。真诚是人与人之间拉近彼此距离的通行证,它在我们自己的手里,只要署上"真诚"二字,你的能力就会大大增加,一切问题都会迎刃而解。

《战国策》里有这么一个故事。

有一天早晨,邹忌起来穿上衣服,照了照镜子,看着身高一米八、形体外貌都光艳美丽的自己,于是向妻子问道:"我和城北的徐公比,哪一个更美?"

妻子对他说:"当然是丈夫你呀,徐公怎么能跟你比?"邹忌听了赞美的话之后心里美滋滋的,但仍然有点儿不敢相信,因为徐公是公认的美男子。

于是邹忌问妾说:"我和徐公比,哪一个更美?"妾听后愣了一下,低声细语地说:"徐公哪能和你比呀?"第二天,邹忌家中来了客人,他问了客人同一个问题,得到的是同一个答案。

隔了一天,徐公来拜访,邹忌仔细端详,发现他的俊逸实在是自己不能比的,邹忌终于明白:妻说他美是偏袒他,妾说他美是怕他嫌弃她,客人说他美,是因为有求于他,于是,他把这件事告诉了齐威王,让他能从中得到启示,颁诏纳谏。

这就是我们耳熟能详的"邹忌讽齐王纳谏"的故事,它说明若不真诚对人就等于欺人、愚人;若轻信他人的不实之词,就会耽误大事,造成不良的结果。

可见,人们把真诚看得很重,有的人还把它当成是开启成功大门的金钥匙。真诚能让对方感觉到安全,并且对有所要做的事有明显的预见性,这种安全感会让别人接纳,彼此产生信任,这是你赢得成功的保证。

弗莱明是苏格兰一个穷苦得连温饱问题都解决不了的农民,可他却有一个了不起的儿子,这一切都是靠他的真诚赢得的。有一天,弗莱明在田地里辛苦地耕种,忽然从远处传来一声呼救声。

弗莱明连忙把锄头放下跑到出事地点,发现有一个小孩在深水沟中不断地挣扎,弗莱明跳下去把他救了上来。第二天,一辆豪华的马车出现在了弗莱明家门口,从马车走下来一位气质高雅的绅士。

绅士对弗莱明说:"谢谢你救了我的孩子。"绅士说完,问了弗莱明需要什么报酬,弗莱明真诚地说:"我不是因为报酬而救你的孩子的。"

正在二人说话之际,一个小孩来到弗莱明的身边,绅士问道:"他是您的儿子吗?"弗莱明不无自豪地回答说:"他是我儿子。"

绅士说:"这样吧,我带走您的孩子,让他接受最好的教育。如果这个孩子像他父亲一样真诚,那他将来一定会成为令您自豪的人。"

弗莱明看着绅士一脸诚恳的样子,答应了。数年后,弗莱明的儿子从圣玛利亚医学院毕业,后来,他发明了抗菌药物青霉素,一举成为天下闻名的弗莱明·亚历山大爵士,并在1944年获得诺贝尔医学奖。

有一年,绅士的儿子得了肺炎,是青霉素把他从死亡的边缘拉了回来。那位高雅的绅士是"二战"前英国上议院议员老丘吉尔,绅士的儿子就是"二战"时期英国著名的首相丘吉尔。

弗莱明因为付出了真诚而使自己的儿子得到了成才的机会,并使之成为20世纪人类医学史上最杰出的人物之一;绅士因为真诚而挽救了自己儿子的生命,并使之成为20世纪最有影响力的政治家之一。可见,真诚不是智慧，但是它能散发出比智慧更强大的力量。有许多凭智慧都无法得到的东西，凭真诚就能得到。

真诚是一种高尚的品德，真诚是不含任何杂质的，就像弗莱明对绅士说的那样："我不是因为报酬而救你的孩子的。"有时，真诚会让你的利益受到侵害，使你的心灵处于不安，这是生活在告诉我们什么是不真诚，并不是要我们放弃真诚。

成为一个真诚的人，你会感到身心无比的轻松，而一个虚伪者常常会感到精神的疲惫。其实，每个人都有真诚的一面，只要真诚还没有被虚伪所覆盖。美国著名心理学家约翰·安德森曾在一张表格中列出了 500 多个描写人的形容词，他邀请 6000 多名大学生挑选出他们所喜欢的做人品质的词，调查结果显示，"真诚"是大学生给予评价最高的形容词。在 8 个评价最高的候选词语中，其中有 6 个和真诚有关，它们是：真诚的、诚实的、忠实的、真实的、信得过的和可靠的，大学生们对做人品质给予最低评价的形容词是"虚伪"。

由此可见，人们在内心中都是渴望真诚的，并且也希望自己身边的人也是真诚的。生活中，我们总是乐意跟真诚、信得过的人打交道，讨厌说谎、不老实的人。约翰·安德森的这个调查研究结果在社会上具有普遍意义，它告诉了我们一个道理——你想获得成功，真诚必不可缺。

真诚是最宝贵的财富，心中拥有真诚的人就好比拥有了一盏温暖心灵的灯，会照亮身边一切的黑暗；真诚是这个世上永远都不会过期的通行证。当你拥有了真诚，你人生的各个关卡最终会顺利地通过。

诚实是一个人的金字招牌

做人要诚实，不能靠矫饰伪装过日子。靠矫饰伪装、戴假面具过日子的人不仅令人憎恶，自己也活得很累，因为这种人要时时提防假面具被人戳穿，并且因为受到良心的谴责而常常处于紧张戒备的状态，心理上很难获得轻松、安宁与平静。

诚实是社交的根本，人们都喜欢与这样的人交往，因为与这样的人交往，感觉不到任何威胁。人们一般都喜欢买品牌货，是因为品牌货货真价实，不会胡乱标价。诚实跟这些品牌货一样，只要别人相信你的质量和价格相符，就会买你的账。而当你的这块招牌被世人所知的时候，你的成功就在看得见的地方等候你。

从前，有一位贤明而受人爱戴的国王知道自己不久之后就要离开这个世界了，就想尽快地寻找一个继承人。可他没有子女，最后他决定在全国范围内挑选一个孩子收为义子，培养成未来的国王。

听到这个消息后，人们就把很多有才能的孩子送到国王的皇宫里，让他挑选。国王选子的标准很独特，他没有让这些孩子比试才能，只是给他们每人发一些种子，宣布如果谁能用这些种子培育出最美丽的花朵，那么谁就成为他的义子。

孩子们高兴地将种子领回去了，每个人都精心地培育种子，从早到晚，浇水、施肥、松土，因为他们都想能够成为幸运者。

有个叫杰姆的男孩特别沮丧，因为 10 天过去了、半个月过去了，花盆里的种子连芽都没冒出来，更别说开花了。不久后，国王规定的观花的日子到了，杰姆看着那些跟他领回一样种子的人都种出了美丽的花，再看看自己的花盆，什么都没有。当国王经过杰姆身边的时候，看到他正无精打采地站在那里，国王把他叫到跟前，问他："为什么你端着空花盆呢？"

杰姆抽咽着说："无论我如何精心地侍弄，但花种依然不发芽。"听到他的话后，国王露出了最开心的笑容，他把杰姆抱了起来，高声说："以后你就是我的义子。"

"为什么是这样？"大家不解地问国王。

国王说："我发下的花种全部是煮过的，根本就不可能发芽开花。"国王的话说完，捧着鲜花的孩子们都低下了头，原来他们全部都另播下了种子。

为人不可不诚实，靠蒙骗他人处世，也许你会获得一些东西，但最后的结果一定是惨败，因为诚实是做人的基本品性，而欺骗者骗得最深的人往往是自己。

许多人认为"做老实人吃亏"，这种想法是非常有害的，因为你一旦有了这样的想法，就会为自己的不诚实找理由，逐渐地，不诚实的习性就会堂而皇之地扎根于你的思想。诚实是一个人立足于社会、做人做事的重要品德。德国哲学家康德说："诚实比一切智谋更好，而且它是智谋的基本条件。"可见诚实的力量是如此的庞大。

日本山一证券公司的创始人小池田子说："做生意、成大事者的第一要素就是诚实，诚实像是树木的根，如果没有根，树木就别想生存了。"这是小池田子的经验之谈，他正是靠诚实这块金字招牌起家的。

20多岁的时候，小池田子开了一家小商店，同时他还是一家机器制造公司的推销员。

有一段时间，他推销机器很顺利，一个月不到就与43位顾客签订了契约，可是在收了定金之后，他发现所卖的机器比别的公司出产的同样性能的机器贵，这使他感到不安。

于是他立即带着合约书和定金，花了整整一个礼拜的时间逐家逐户地去找订户，老老实实地说明他所卖的机器的价钱比别人卖的机器贵，请他们废弃契约，这使订户非常感动，结果43人中没有一个废约，反而对小池田子极其信赖和敬佩。

消息传开后，人们觉得小池田子经商诚实，纷纷前来他的商店购买货物或是向他订购机器。诚实的品德使小池田子财源广进，在他30岁的时候，终于成了大企业家。

与那些有着光鲜背景的企业家相比，小池田子太普通了，他没有多少资金，但他最大的特点是为人诚实，让人觉得靠得住，跟他合作不会吃亏。他就这样凭借着诚实获取了成功，可见诚实具有很大的竞争力。与其说"诚实"是一个人最重要的品质之一，不如说它是一个"造梦机器"。小池田子用活生生的事实证明了一个道理：只要你拥有诚实的品德，就有可能到达成功的彼岸。

诚实是每个人必须具备的品质，它是一个人的立身之本和成功的源泉。做人要从诚实开始，必须从小培养诚实的品质，人生方能成功，因为诚实是一切德行的基础。如果一个人连诚实都做不到，那么其他的品德就都谈不上了。

诚实有着巨大的人格感召力。一个人没有半点儿虚假隐瞒的东西，说话诚实、做事诚实、内心诚实，就会令人信服。诚实可以消除隔阂、化解矛盾，促进人际关系的和谐团结。哈佛大学的一项研究发现，成功的公司经理和工业界的领袖有许多共同的特点，其中之一就是为人诚实。国际知名的房地产经营家乔治被称为"房地产大王"，这个称号就是他靠诚实赢得的。

乔治在还没拥有自己的房地产公司时，做过一段时间的房屋销售工作。有一次，有一栋房子由他经手出售，房主曾经告诉过他：这栋房子的整个结构都很好，只是房顶太老了，当年就得翻修。

乔治第一次领看房的顾客是一对年轻夫妇，他们说由于买房的钱有限，所以想找一处不需要怎么修理的房子。他们看了之后，非常满意这所房子的位置，想要马上搬进去住，这时，乔治对他们说，这栋房子需要花5000美元重修屋顶。

乔治很明白，说出这栋房子的真相就有可能使这笔生意做不成。果然，这对夫妇一听修屋顶要花这么多钱，就不肯买了。一个礼拜后，那对夫妇通过别的房屋销售人员花了较少的钱买了一栋类似的房子。

乔治的老板听说这笔生意被别人抢走了，非常生气，他把乔治叫到办公室，问他具体是怎么回事。老板对乔治的解释很不满意，批评他说："他们并没有问你屋顶的情况，你没有责任讲出屋顶要修，你知道不知道，你这样做是非常愚蠢的，而且还会因此失去这份工作。"

事实上，乔治确实失去了一份工作，但他并没有因为把真实情况告诉了那对夫妇而后悔，因为他希望做一个诚实的人，他一直受到的教育是要说实话。他的父亲经常对他说："你同别人一握手，就算是签了合同，你说的话就得算数。如果你想长期做生意，就要和人家讲公道。"

所以，乔治最关心的是他的信用，而不是钱。他当时虽然想要把那所房子卖掉，但决不是以此而贬损自己的身价。即便丢掉了工作，他仍然继续坚持自己的做事准则，就是把所有真相统统讲出来。

后来，乔治向亲戚借了些钱，自己开了一家小小的房地产交易所。过了几年，他以做生意公道和讲老实话出了名。虽然这样让他丢了不少生意，但是人们都觉得他靠得住。最后他因为诚实而赢得了好名声，生意做得很兴隆，在全国各地都设置了营业处。

也许在生活或工作当中，你可能会由于诚实而丢掉了某些自己想要的东西，但是从长远的角度来看，这些损失算不了什么，因为你靠诚实建立起的信用、树立起诚实的名声会让你得到更多。

诚实的力量就是这么强大，当你拥有了这块金字招牌，内心就会感到无比的踏实和安全，友谊、机遇等都会随之而来，因此，在为人处世的时候，我们永远不能丢弃诚实这种品质。

为人处世厚道能赢得好人缘

在电影《手机》里有一句颇为风趣的道白:"做人要厚道。"虽然只有短短的 5 个字,却因为这句话比较诙谐,后来便成了很多人的口头禅。其实,只要你仔细观察身边的人,不难发现有一种人长得并不多么帅气,在事业上也没多大成就,但他却有深深地吸引人的气质,这种气质给他带来了很好的人缘。这种气质用眼睛是看不见的,它需要用心去感受,这就是做人的厚道。

厚道指的是不刻薄、实实在在、不夸张、不骗人、表里如一。其实,厚道没有固定的含义,它只能是某种精神的体现;厚道也没有固定的形式,它更多的应该是对生命的一种实实在在的解释。如果把一个人的美德分成显性和隐性,那么厚道就具有隐性特征。厚道体现在为人处世上让人信赖、让人踏实、让人感动。

生活中,李华常在别人面前炫耀自己的人脉是如何广,然而知情的人却知道,李华虽然认识不少人,却没有什么真正的朋友,人缘极差,这都是由于他做人不厚道引起的。

每个人刚和李华认识时,都觉得他为人热情又大方,人品不错,可是和他相处一段时间后,就会发现原来这个人是"支票机":他做出的承诺极少有兑现的。比如有一次,他的一位朋友打算在"五一"的时候带着家人去丽江玩,由于担心到时候人太多而订不到机票,就打算通过服务公司订高价票。李华知道了这件事,就对朋友说:"订什么高价票啊!你跟我说一声就行了,我有个同学在机场地勤处,我让他给你留几张,不过由于那时候机票紧张,能不能打折就不知道了!"

朋友听了高兴得不得了,连忙说:"能按原价买就不错了,回来以后我请你吃饭!"李华满口答应着走了。国庆节马上就到了,朋友给李华打电话问票的事儿,李华有点儿急了,因为当时他只是随口说说,根本就没把这件事当真。

因此,他只能含含糊糊地说:"啊,这事儿呀!我忘了告诉你了,我那同学说不好留票,还是让你们自己买吧!"朋友一听,差点儿没气晕过去,马上就是国庆节了,这还上哪儿订票去?结果朋友一家哪儿也没去成,就在家里过了个黄金周。像这样的事有很多,朋友们也都看透了李华的为人,因此他们再也不相信李华,李华的人缘也就越来越差了。

守信能体现出一个人是否厚道。李华的人缘差,完全是由他的不厚道造成的。厚道是做人的最基本原则,也是建立良好人际关系的重要保证。就为人处世来说,没有什么比厚道更重要的了,你做人厚道,朋友就会信任你、就会爱戴你。人人都知道你是个厚道可信的人,你的人缘自然就会越来越好。

厚道是中华民族的优秀文化传统之一,自古以来,中国人把厚道作为为人处世、齐家治国的基本品质。下面这个故事更是说明了这一点。

东汉时,山阳郡的朱文和汝南郡的罗鑫同在京城洛阳读书,学业结束,他们分别的时候,朱文站在路口望着天空的大雁说:"今日一别,不知何时才能相见……"说着,流下泪来。

罗鑫拉着朱文的手,劝解道:"兄弟,不要伤悲。两年后的秋天,我一定去你家拜望老人,同你聚会。"

两年很快过去了,一天,朱文突然听见天空一声雁叫,牵动了情思,不由自言自语地说:"他快来了。"说完赶紧回到屋里对母亲说:"妈妈,刚才我听见天空的雁叫,罗鑫快来了,我们准备准备吧。"

"傻孩子,汝南郡距离这里1000多里路,罗鑫怎会来呢?"他妈妈不相信,摇头叹息,"1000多里路啊!"朱文说:"罗鑫为人正直、极守信用,不会不来。"

虽然老人并不相信，但是怕儿子伤心，还是宽慰地对朱文说："好吧，他会来的，我去备点儿酒。"约定的日期到了，罗鑫果然风尘仆仆地赶来了，旧友重逢，亲热异常，老妈妈激动地站在一旁直抹眼泪，感叹地说："没想到天下真有这么讲信用的朋友！"罗鑫重信守诺的故事一直为后人传为佳话。

承诺是守信的重要组成部分，守信是厚道的一种表现方式。可以说，厚道的力量是强大的，遵守并实现你的承诺会让你在面对困难的时候得到真正的帮助，更会让你在孤独的时候得到友情所带来的温暖。因为你厚道、诚实可靠的形象推销了你自己，因此不仅让你交友获得成功，同时也会让你在生意上、婚姻上、家庭上获得成功。

厚道不是一句空话，更不是虚伪，厚道的重要性可以通过很多事实来证明，国内外知名度很高的企业无不把厚道推到第一位，受人尊敬的人无不是守信用的楷模。相反地，有些人随随便便地向别人开"空头支票"，临到头又不兑现，结果朋友都离他们而去，人缘自然会越来越差。

毋庸置疑，做人不厚道，意味着你丢失了做人的起码品质，意味着在别人眼中你是不讲信誉的伪君子。这个损失多么惨重，你必须掂量清楚。

与人交往时，如果你犯了其他方面的错误，那么或许还有弥补的机会，但如果你让别人感觉到你不厚道，就会失去别人的信任，那么别人便不会再与你共事，也不会再愿意与你打交道了。在当今社会，没有朋友帮助、孤军奋战的人没有几个不失败的。因此，厚道就是你做人的本钱，它必将对你拓展良好的人际关系、赢得忠诚的朋友产生重要影响。

真诚待人，受益的是你自己

每个人都希望别人能真诚地对待他。要想别人真诚待你，你就应当首先主动真诚地去对待别人。其实，人就好像磁体一样，吸引着思想相同的人。可是在这个世界上，哪有那么多人跟你思想一样的呢？你要想交到仁慈、慷慨的朋友，就必须先要成为这样的人。

有的人对真诚待人持怀疑或否定态度，理由是：我真诚待人，人若不真诚待我，那我岂不是很傻、很吃亏吗？不可否认，生活中有一些虚伪、狡诈、阴险、不珍惜他人的情感、戏弄他人的人，但是这种人在生活中毕竟是极少数，当他们的嘴脸被人知晓后，这些人必将被众人所指责和唾弃，被群体厌恶和排斥。因此，当你的善良和真诚被心怀叵测的人愚弄之后，吃亏更多、损失更大的并不是自己，而是对方。伤人的人在承受你愤恨的同时，还要承受他人的蔑视以及被群体排斥的孤独。

很多人都觉得积极主动地付出友善及真诚仅仅是讲如何对待别人，其实准确地说，友善及真诚地待人更重要的是指如何善待自己。你待人以善意，别人以善意相报；你待人以真诚，别人以真诚回馈。这样看来，真诚待人，其实受益的是你自己。

刘晓艳大学毕业后进入北京一家贸易公司。在学校的时候，她就听别人说职场里什么样的人都有，所以相处起来要谨慎小心。工作后，每天她都会早早地来到公司，将同事们的桌椅清理整齐，特别是销售部的员工李新的桌椅，由于经常加班，桌子堆满了书本，刘晓燕就将其整理干净。

公司每个月都要聚会一次，刘晓艳主动担当勤务员，而李新则表示愿意教她跑业务。后来，李新一有业务就带着她跑。5 月 18 日，刘晓艳试着帮李新做一份策划方案，结果不小心把一组数据弄错了，导致方案被否决。李新一时情急而大发脾气，刘晓艳没有气馁，向李新道歉后，更加用起功来。事情过去后，李新反省自己，觉得刘晓艳这个人不错。

到6月份中旬的时候，李新得了急性肠胃炎。他是外地人，在北京没有亲人，这病来得急，需要动手术，刘晓艳从家里煲好汤给李新送去，并照顾他的饮食起居。除此之外，李新的业务也由杨真帮助处理，同事们对刘晓艳的言行看在眼里，都十分欣赏她。

3个月后，当刘晓艳面临转正的时候，老总问公司的员工对刘晓艳有什么看法，大家一致认同了她。最终，刘晓艳如愿以偿地成为这家公司的正式员工，对此，她这样说道："只要你真诚地对待别人，别人也会真诚地对待你。"

很多人认为在这个社会上要想有所作为，就必须不择手段地去争取，但是这个社会有很多东西不是靠权力和实力或者智慧就可以得到的，而那些对人真诚、心境宽广的人却能轻松地得到。这个道理很简单，巧取豪夺只能把表面的利益或物资抢去，最终失去的是人心和道义。

李嘉诚说："你必须以诚待人，别人才会以诚回报。"人是一个高级生物群，社会是一个利益共同体，每个人都如社会这颗大树上的叶和果，任何人都不可能脱离社会而独自存在。无数事实证明了一个真理：不真诚待人就等于不懂得善待自己。

很多年前，在一个下着倾盆大雨的晚上，有一对老年夫妇走进一家旅馆的大厅要求住宿，柜台里一位年轻的服务员抱歉地对他俩说："非常遗憾，我们这里已经住满了。"

看到老夫妇俩一脸的无奈，年轻的服务员赶紧说："先生、太太，附近没有别的旅馆了，在这样的夜晚，我实在不敢想象你们这样的老人离开这里却又无处住宿的困境。如果你们不嫌弃的话，可以到我的房间里住一晚，因为今天晚上我要在这里值班。"

第二天一早，当老先生要付住宿费的时候，那位年轻的服务员婉言谢绝了，他说："我的房间是免费借给你们住的，那不是公司的客房，所以不能收你们的住宿费。"

老先生很感动地说："你这样的员工是每一个旅店老板都梦寐以求的，也许有一天我会为你盖一所旅店。"年轻的服务员听了之后笑了笑，只是把它当成是一句感谢的话语。如果不是几年后他从收到的一封信里提起了这件事，他早就把这件事给忘记了。信是那位老先生寄来的，他邀请年轻人到曼哈顿去见面，并附上往返机票。

几天之后，年轻的服务员来到了曼哈顿，在一幢豪华的建筑物面前，老先生对他说："还记得曾经我对你说过，也许我可以为你盖一所旅店吗？这就是我为你盖的，现在我聘请你为该饭店的总经理。"

"这……不是真的吧！"年轻人根本就不敢相信，这家旅店就是美国著名的渥道夫·爱斯特莉亚饭店的前身，这个年轻的服务员就是该饭店的第一任总经理乔治·伯特。

由此可见，真诚的力量是无比的，它让一个小小的旅馆服务生拥有了一生的辉煌。真诚待人的结果是双赢。如果乔治不是真诚待人，老先生可能就会在那个下着大雨的晚上出意外，那么就没有了那个饭店，也没有乔治辉煌的成就；如果不是乔治的真诚待人，老先生也不会慧眼识英才，认为他是每一个旅馆老板梦寐以求的员工，同此让他成为渥道夫·爱斯特莉亚饭店的第一任总经理；如果没有老先生的真诚，想着报恩、回报年轻服务生，也就没有了年轻服务生这一生辉煌的成就；如果没有老先生的真诚回报年轻服务生，年轻的服务生也不会因为得到器重而发挥自己的潜能，而把该饭店发展成为美国著名的饭店。

真诚待人会获得双赢的结果，只有真心付出，才能赢得别人的尊重和赏识,你也才能得到意想不到的回报。深刻的道理往往是简单的,而简单的道理,真正做到了却不简单,因为这就需要你舍得付出。在积极主动付出真诚和热忱的同时,你才会是最后的受益者。

第 3 章

善良如水
——心地以善良为贵，用爱心唤醒人性的光辉

善良如同流水，滋养生命、灌溉心灵，它让我们用爱的力量唤醒人性的光辉，让整个世界都洒满温馨的阳光。

善良与成功同行

法国作家雨果说得好："善良是历史中稀有的珍珠，善良的人几乎优于伟大的人。"善良的人，即使穿着褴褛的衣裳，也会让人感受到他们的美丽；即使弱小和纤细，也会让人感到无比高大。

古人常讲"求善而得善，宁愿填沟壑"，意为能够拥有一颗善心，宁可赴汤蹈火也万死不辞。甚至可以说，善良是这个世界最感人的力量，它可以驱散我们内心的黑暗，使我们充满力量与勇气；可以使我们赢得尊重、赢得支持，帮助我们一步步走向成功。

有3个陌生的老人行走累了，便坐在一户人家的门口休息。女主人见了，赶紧上前同他们打招呼："外面很冷，快进屋吃些东西，暖和一下吧！"

"男主人不在家吗？"老人们问道。

"他出去了，不碍事，你们先进来吧！"女人说道。

"男主人不在，我们进去不方便，还是等他回来吧！"3位老人说。不一会儿，丈夫就回到了家里，女人把这件事告诉了他。丈夫说："快去告诉他们，我回来了，请他们进来！"

女人再次出去请3位老人进屋，可他们依然不肯进来。

一位老人说："我们3个人不能一块进屋。"女人好奇地问道："为什么呢？"那位老人指着另外两个同伴说："我代表财富，他代表着成功。"然后又指着另一个老人说，"他代表着爱。我们中只能有一个到你们家去，你和家人商量下，需要哪一个。"

无奈之下，女人只好又回屋请示丈夫，丈夫听后十分高兴，连忙说："我们家又不富裕，当然要请财富老人进来啊。"妻子则说："你现在事业不顺，为什么不请成功老人进来呢？"这时，在一边沉默的儿子插话道："为什么不请代表着爱的老人进来呢？那样我们的家就会充满爱。"丈夫想了想，便对妻子说："那就听儿子的吧。"

可是，当女人出门把代表着爱的老人请进来的时候，她发现，另外两个老人也跟着进来了，便惊喜地问道："你们怎么也跟着进来了？"

老人们笑着回道："有爱的地方，就有财富和成功！"

爱是善良的最大体现，而善良是一种美德，美德是一种力量，这种力量决定了哪里有善良和爱，哪里就有成功和财富。美国作家马克·吐温称，善良的人不管走到哪里都会受到欢迎，它可以使盲人"看到"，使聋子"听到"。心存善良之人，他们的心是滚烫的，情是火热的，可以驱赶寒冷、横扫阴霾。善意产生善行，同善良的人接触，往往能使你的智慧得到开启，情操变得高尚，灵魂变得纯洁，胸怀变得宽阔。与善良之人相处，不必设防，而应心底坦然。

由此可见，善良的人会得到别人真诚的对待，而且他们的善行必会衍生出另一个善行，善行终将会招来善报，这是这个世上最强劲的连锁反应之一。

人品，
看不见的竞争力

你要想在这个世界不断地获得成功，不能缺少善良。一个人可以没有让别人惊羡的姿态，也可以忍受穷困潦倒的日子，但离开了善良，就注定人生之船搁浅。

一个人的善心到底该如何体现？在什么时候最能够体现呢？答案是：在生活中的细节里。发现这个人是否有善心，只要看他如何生活就知道了。现在很多人认为要想成功就必须不择手段，其实这种看法是极其错误的。因为失去了善良，你或许会得到一些物质上的帮助，但你永远不会成为一个真正的成功者。更重要的是，善心是人的本性，一旦失去或者扭曲，那么人自然就会改变。

一位美术大师要选一个年轻人做他丹青事业的关门弟子。前来参试的人很多，经过几轮严格的淘汰赛后，只剩下两个年轻的画家：一个刚从美院毕业，他的作品已经多次参加各种画展，并且获得不少奖项，实力确实不俗；另一个年轻人来自偏远的农村，他从小就酷爱美术，画出了不少的上乘之作，他自学成才，备受画坛同行的称道。

大师说："你们两个都是很不错的画家，各有千秋、难分伯仲。看来我只好再测试一下你们各自的美术天赋了。"大师出的题目是让他们俩分别为对方画一张白描画像。

两人听了，立刻支好画板，迅速观察对方画起来。

农村来的这个年轻画家觉得画人一定要把对方最美的地方画出来，所以，他画的时候就不停地观察着对方美的地方。而从美院刚毕业的这位年轻画家就不同了，他想，对方是我的竞争对手，把他画得太美，无疑将对自己不利，不如把他画得丑陋一些，这样对于向来喜欢洁净、纯美的大师来说，自己也就多了一分胜算。于是，他画的时候刻意地把对方的皮肤渲染得粗糙，着意渲染对方脸上那个不太明显的痦子。

他们画好之后，美术大师仔细端详着两个人画好的画。其实，单纯从画的质量上来看，这两幅画都是难得的上乘之作，但从画画的天赋来说，美术大师选了那个来自农村的画家。

那个从美院毕业的年轻画家很不解，问大师为什么这么快就作出了选择，大师叹了一口气，说："从事美术创作需要一种天赋，那就是从平凡中发现美、渲染美，不管是你的敌人还是你的竞争对手，你都要尽量地把他最美的地方表达出来，不能因为其他的因素而掩盖对方的美。画出你对手的美、画出你敌人的美，这才是一个杰出的画家所必需的天赋和胸怀，这样的画家才有前途，才具有成为画坛大师的天赋。心灵的善良往往是一个人获取人生成功的最大天赋。"

年轻人听了这番话，然后又看了看那个农村画家的画，一下子便明白了，惭愧地背起自己的画板，低着头走了。

生活中，每一天都有新的难题，面对这些难题的时候，心中一定要带有善念。有善念才会有一个好心态来面对，才能不断地解决问题。就如上面故事中那个美学大师说的那样："心灵的善良往往是一个人获取人生成功的最大天赋。"

是的，不管是你的对手还是朋友，也不管他对你有什么潜在的敌意，只要你拥有一颗善良的心，即使对方再平凡，你也能发现他的美，那么你就可以不断地从别人的美丽之处学到对自己有用的东西，让你变得更加优秀。观察那些成功者之后不难发现，这些人都具有善良的这种质量。甚至可以说，一个人一旦有了善良的这种质量，那么他就拥有了一种使生命博大的气度，拥有了一种成为伟人的天赋，接着成功也会随之而来。

播送善良，才能收获希望

一个心地善良的人不管走到哪里总会受到别人的欢迎，即使他们不小心说了一些伤人的话，但由于他们的善良，朋友们也不会放在心上，因为朋友们知道，一个善良的人是不会故意中伤他人的。

相反，一个不善良的人，一旦与别人发生冲突，很可能会发生一场"战争"。因为不善良的人在人们的想法里，总觉得他不怀好意。由此可见，善良的人的气场是多么庞大，在这种气场的作用下，即使当你的人生处于四面楚歌的时候，或许别人也会因为你的善良给你带来一份希望。下面这个故事就是最好的证明。

秦晋两国开战，晋军击败了秦军，并且秦缪公被晋国的军队包围了。就在这个危急关头，忽然从晋军的后方来了一群人，疯子一样地对晋军展开了攻击，这群人很快就让秦军有了一个突破口。当秦缪公回到自己的阵地，在惊魂未定之时仔细打量救他出来的恩人，终于失声说道："原来是你们！"

原来，有一次秦缪公外出，发现自己的好马丢了，急忙派人去找，后来找的人回来说，那匹马已经被一群野人杀掉吃了。听到这个消息后，秦缪公的手下非常气愤，以为秦缪公会责罚他们，可是秦缪公却说："算了，他们也不容易，我们走吧。"忽然间他又想起了什么，回头说，"我听说吃马肉不喝酒容易生病，把咱们带的酒也一并送给他们好了。"

事情已经过去好久了，秦缪公早都将这么一件小事忘到九霄云外了，没想到在自己最需要帮助的时候，是这些人救了自己的性命。

秦缪公用一匹马换来了自己的性命，这正是他播送善心的结果。对于别人的伤害，不要总是计较，对于遇到那些身处困境的人，一定要伸出援手。有些事在你看来也许只是一个小小的举动，对他人来讲却可能非常受益。再回到上面的这个故事中来，秦缪公只是丢失了一匹马，这对他来说并不算什么，但对于野人来说，自己吃了秦穆公的马，秦穆公不但没有怪罪，反而赐酒，当然值得以死来报答。

播送善心也是人际交往中的一种蝴蝶效应：一件表面看来毫无关联、非常细小的事情有可能带来巨大的改变。对一个人做一件很小的好事，尽管当时你没有存有回报的想法，但是受到你帮助的人毕竟会记在心里，他会替你去宣传，也许他周围的亲友和亲友的亲友都会知道这件事，不断累积起来就会很大。或许有一天，你正好有事情需要请他们当中的某一个帮忙，有念及此，别人也会欣然伸出援助之手。

古时候，有一位将军宴请宾客，当宾坐满堂时，将军让佣人给宾客切牛肉。当佣人将堆成山的牛肉均匀地放在宾客们的碗里时，将军又下令让佣人们给自己切一盘牛肉。

在座的宾客都笑话将军，将军说："牛肉平时很少能吃到，这次大家能吃到牛肉，我的家丁们都付出了很多辛勤，这些肉是他们应得的。"

佣人们都很受感动，后来两国交战，将军被派往战场，家丁们都跟随将军出战，在一次将军被困于死角时，将军的队伍被打散，将军身边仅有几十名保护他的士兵，士兵们拼死突围，最后将军带领5名战士拼死杀出重重大军，与被打散的队伍会合，重新休整。

休整后，将军变换了路线，趁着夜雾，火攻敌军大营，致使敌军死伤惨重。论功行赏时，当将军问及保护他拼死杀出重围的5名士兵需要什么时，5名士兵异口同声地说："只需要再尝一次将军当年赠予的牛肉。"

将军听后感慨颇多。

一个人只要有了善心，并且甘愿从一点一滴的小事做起，就能带给人以良好的精神状态和极佳的人脉，这对于扩展他的事业是大有帮助的。因此，对世间人而言，起一个善念、说一句好话、一个善意的响应乃至露出一个微笑都可以让我们的内心越来越光明，也可以拉近我们与别人的关系，提高业绩、促进社会的和谐，甚至可以消弭种种人为的灾难。

很多时候，善意就在一念间，而善心所结下的果，芬芳馥郁、香泽万里，令人垂涎欲滴。谁说前人栽树只为后人乘凉？你播下一颗种子，总能在秋天的阳光里品尝到果实的甜美滋味。也就是说，你总会因为善良而得到一些美好的东西，这些东西很可能会在你最需要的时候得到。

多做善事，施恩不必念回报

有人说，世界上最打动人心的不是才华，也不是财富，而是一个人的品质。而决定一个人品质的不是别的，就是你的善良。善良不仅是人的本性，更是一种资本，它会如神灵般庇佑我们的一生，助我们收获成功，让我们拥抱幸福。

我们常说："好人终有好报。"相信每个在做善事的人都是真诚的，并没有想过要得到什么回报。当你真诚地帮助了别人，给予了别人心灵的温暖，你从别人那里获得的是双倍的关心和温暖。善良是种伟大的力量，你的每一个善意的举动都会使你的身上发出耀眼的光彩，由此感动身边的每一个人。

一天，一个叫做凯利的小男孩为了攒够学费，正挨家挨户地推销商品，劳累了一整天的他却没有卖掉任何产品，此时的他感到无比饥饿，但摸遍全身却只找到一角钱。怎么办呢？他决定向下一户人家讨口饭吃。

他站在一户人家的门口，正准备着一会儿该如何开口的时候，一位美丽的女孩打开了房门，因为这位女孩刚才通过窗户看到了他一直在她家门口徘徊，于是她肯定这个小男孩一定有事求助自己。面对眼前的女孩，他有点儿不知所措，他没有要饭，只乞求给他一口水喝。女孩看到他很饥饿的样子，就拿了一大杯牛奶给他。

男孩慢慢地喝完牛奶，问道："我应该付多少钱？"女孩回答道："不用付钱，妈妈教导我们，施以爱心，不图回报。"

男孩说："那么，就请接受我由衷的感谢吧！"说完，男孩就离开了这户人家。此时，他感觉全身充满了力量，他决定不管以后的路多么艰辛，都要坚强地走下去。

数年之后，那位女孩得了一场大病，当地的医生对此束手无策。她被转到大城市医治，当年的那个小男孩已经是一名非常优秀的医生了，他也参与了医治方案的制订。当看到病历上所写的病人的来历时，他马上起身直奔病房。来到病房，他一眼就认出这个躺在床上的病人就是那位曾帮助过他的恩人。他回到自己的办公室，决心一定要把自己的恩人给治好。

从那天起，他就特别关照这个病人。经过艰辛努力，手术成功了，他要求把医药费通知单送到他那里，在通知单的旁边签了字。

当这位特殊的病人接到医药费通知单的时候，她不敢看，因为她肯定，治病的费用将会花掉她全部的家当。最后，她还是鼓起勇气翻开了医药费通知单，她看到通知单签名的地方写着："医药费——一满杯牛奶，霍华德·凯利医生。"

真正的善事是不求回报的，人的爱心也是不能交易的，否则就失去了爱的本意。人一旦计较这些，内心也就失去了原来的安宁。在我们的生活中，很多善良的人都是以匿名的方式来投入时间、精力或金钱去行善，他们并不期望因此而获得感谢或赞扬，他们是这个世间的施爱者，因为他们的善良，这个世界充满了爱意、温情和感动。

王建是武汉一家大公司的老总，自2000年开始，王建的名字每年都会出现在当地的财富榜和慈善榜上面。从1998年开始，王建每年将自己年盈利额的 20% 捐给贫困地区，并且每年都会抽出两个月的时间去贫困地区扶贫，办技术培训班。

王建是一个对自己很苛刻的人，他从来不穿名牌衣服，理发也是去很便宜的理发店，外出谈业务时，只要路段和时间允许，他一定会骑自行车……王建每个月的生活费用不会超过 2000 元

王建对自己如此的苛刻，但做起善事来却异常慷慨大方。他每年都会拿出几百万去做善事，并且成立了数个慈善机构。每当别人问起王建这些年做慈善的感受时？王建说："这是一件比财富的光环更耀眼夺目的工程，这更是让我心灵触动的工程。"

其实，每个人活着，一贫如洗也好，富可敌国也罢，其生命中最精彩、最能打动人的部分是他们为人处世中表现出的种种美德。所以，一个人要想得到别人发自内心的尊重和崇拜，并不是看他有多少钱、有多大的权利，而是他的人品。当你拥有了优良的人品，你就拥有了能吸引别人的能力，如此，别人自然也会尽力地帮助你，助你取得成功。可以说，你的人品就是让你登上世界最高峰的一股强大力量。

永存仁爱之心，让心中充满阳光

爱是人生中最值得珍藏的东西。爱就像空气、阳光和水一样，每个人都渴望拥有它，没有它，人就无法生存。

外国有一句名言：爱是万能的，拥有了它，人生就会变得富有和幸福，人生也会步入成功的巅峰。帮助别人就是善待自己，每一个胸怀善良的人是一定会得到回报的。心存善良之人，不仅在其行动上，就是他们的言语中也充满了爱。

那是一个下着大雪的早晨，马克·吐温走在空旷的大街上。街上的行人很少，马克·吐温看到一位乞丐走了过来，把脏兮兮的、冻得发红的手伸向自己："先生，行行好吧。"

马克·吐温找遍了全身也没找到一分钱，于是他困窘地握住乞丐的红手说："兄弟，真是对不起，我没带一分钱。"

此时，乞丐的眼角噙满了泪水，用手紧握着马克·吐温的手说："谢谢您，先生，你已经给了我最好的礼物。"

虽然马克·吐温没有施舍给乞丐一分钱，但他那颗仁爱之心却给予了乞丐心灵上的温暖，使乞丐在这个寒冷的冬天不再寒冷。可以看出，有时虽然我们不能对需要帮助的人提供一些实质性的东西，但我们的仁心却能给予别人鼓励和安慰。

爱是美好的，最伟大的爱是无私的。在你渴望得到别人爱的同时，也应该拥有一颗仁爱之心，学会为别人付出爱，爱把宽容、温暖和幸福带给亲人、朋友、家庭乃至全社会和全人类。当你享受到别人的爱的时候，你也要主动为别人付出你的爱，这样才能得到爱的满足，能感受到真正的快乐，这种满足和快乐不会随着时间的潮流而波动，反而会在时间的酝酿中越来越甜蜜，越来越醇厚。

在一个秋天的傍晚，张鹏与朋友分别后走进一家小书店，书店的主人是位老人，一副慈祥的面容，端坐在书店里，看着几个正在翻书的人。

张鹏知道，这些人只是随便翻翻而已，并不是真的要买，也许他们来这里的目的只有一个——蹭书看，这种情景他见得多了，但老人却丝毫没有责怪他们的意思，他只是用温和的眼光平视着他们，面含微笑。

张鹏挑了朋友推荐给他的一本书，付钱给了老人，上了一辆回家的公交车。回到家后，当他迫不及待地翻开那本书的时候，突然愣住了：里面夹着一张50元的钞票。

他暗自庆幸自己的好运气，再看书时，书里的内容却渐渐不入心了，他知道，老人卖书的利润极小，一本书卖出去往往只能赚几毛钱，这50元钱真不知道他要卖多少书才能赚回来。想到这些，他决定马上把钱给老人送回去，尽管从他家到老人的书亭有十几里路程。

当张鹏匆匆赶到书店的时候，已经是晚上10点了，附近的小店都关门了，可老人家的书店却还没关门。老人看到张鹏的时候，便笑了起来："小伙子，我就知道你要回来的，所以迟迟还没关门。"

张鹏不敢相信地问道："老人家，你是在等我？"

"你的手机落在这里了，我想你发现后一定会马上回来。"说着，老人家从抽屉里拿出一部手机来。张鹏一摸裤兜，新买的手机果然不见了，再看老人手上，正是他的那部手机。

张鹏猛然想起来，原来他和朋友在餐馆喝完酒，逛了几个地方，就到了这里，光顾着买书了，没想到把手机忘在了这里，那可是他花了1000多元买的。

他感激地谢了老人，然后把那50块钱递了过去，向老人说明了一切。回家的路上，他忽然想到：如果我"贪污"了那50元钱，不回来还钱呢？那我的手机……后果不敢设想。

拥有一颗仁爱之心会带给你一份意想不到的收获，这份"收获"可能是一份工作或者一个升迁的机遇，也可能是你在困境的时候别人主动对你伸出的援手，等等，总之，它是一种靠智慧和能力无法获得的力量。

遇到有需要帮助的人就本能地伸出援助之手，这是发自内心的善举。我们都是平凡的人，彼此之间也许不能给予对方太大的恩惠。但人与人之间却可以通过生活的细节来传达关爱，比如给需要帮助的人一个帮助；在别人伤心的时候给予一个安慰；在别人失意的时候握紧别人的手，给予他们信任和鼓励……

"爱心",即仁爱之心,是人类生存和社会发展最基本的精神力量,它能融化人的孤独感和分离感,能使人与人和睦温馨,它能打破人们心中的围墙,它是建立和谐人际关系的纽带。人间需要每个人都永存爱心,但这并不是一件容易的事。要做到永存爱心,需要从以下几个方面加强修养。

第一,要有自爱之心。自爱之心就是指人要懂得善待自己,一个连自己都不懂得善待的人是没有资格爱人的。人若没有自爱之心,生命便缺乏根基。正如鲁迅所说:"无论何国何人,大都承认'爱己'是一件应当的事。这便是保存生命的要义,也就是继续生命的根基。"自爱包含着对自己做人的准则、人生意义、道德信仰、价值观念、人格荣辱等诸方面的理解、信奉和实行,它体现着一个人对真、善、美的珍视和追求。

第二,要有爱人之德。当我们懂得自爱后,还要懂得去爱别人。如果不能做到爱别人的话,那只能算是一种低层次的、狭隘的爱;一个人只有做到爱人如己,以爱己之心爱人,才算有了爱人之德。正如古人所云:"以爱己之心爱人则尽仁。"

第三,要有利人之行。在社会生活中,"爱语"会让人感觉到温暖和快乐,甚至有"回天之力"。但是,人们之间的关爱不能是语言的巨人,行动的矮子。所以,真正的关爱不仅体现在语言上,更体现在行动上。

第四,要守仁德之道。仁爱,并不是让我们去爱一切人,而是教导人们要"爱之以道"、"爱之以德"。对于错误的东西、丑恶的现象和罪恶的人我们不能仁爱,否则就是把"爱"变成了"害",这不仅失去了仁爱的价值,而且会走向事物的反面,结出"过爱不义"的恶果。

勿以善小而不为

罗曼·罗兰说过："善良不是一门科学，而是一种行为。"的确，善良不是一门学问，善良只是人们发自内心的表达，如果你没有一颗善良的心，你就无法散发出善良的魅力。

在我们的日常生活中，有很多看起来微不足道的小事情，但我们不能忽视这些小事，或许就是这些小小的善事，因为你做了而让你的人脉更丰富、让你的生命更美丽、让你的生活更充实；或许就是这些小小的善事，因为你未做而让你后悔很久、负疚很深；或许就是因为这些小小的善事改变了别人的一生，你也会曾为做过这小小的事而使自己的情感得到慰藉和升华。

一位公司老总在一次慈善活动中讲述了一个的故事。

那是一个春天，他从乡下到城里的一家鞋厂做学徒工。条件很艰苦，每天需要早晚加班，住的地方是一间光线阴暗、年久失修的老屋。因老屋位于临街的胡同，无处拴晾衣绳，致使被子潮了没法晒，衣服洗了也只能挂在弥漫着霉味的屋内风干。

这在他看来只是一件小事，没必要跟别人说起，自己忍忍就过去了。

一天晚上，几个同事一起聚会，他说起了晾晒衣被的种种不便来，没想到，第二天，有一位同事就领着他来到街对面的一个地方宽阔的院落，指着院子里拴着的一溜晾衣绳对他说："我以前也在这儿住过，这里的人都挺好的，你以后就把衣服被子拿到这里来晾晒吧。"

从此，他就把衣被拿到那里去晾晒。在日光下晒过的被子暖暖的，盖在身上很舒服，睡在暖和的被窝里，他感到一天的疲劳也消散得无影无踪。刚开始的时候，他害怕有什么闪失，所以晾、收衣被都很及时。日子久了，他发现这个院子的人都挺和善的，有好几回衣服忘记收，等想起来再去看时，衣服仍旧安然地挂在那儿。

一天中午，他又把被子抱过去晒，可是没想到过了两个小时就下了起了大雨来，而他需要工作，走不开，只好等下班后才能回去收被子。等他到了那个院子的时候，发现自己的被子被人移到了屋檐下，一点儿都没有被雨淋湿的痕迹。

他抱着依然充满阳光味儿的棉被往回走着，眼眶里溢满了热泪。就在那一刻，他暗暗下定决心：一定要干出一番事业来报答这个城市里那些善良而富有爱心的人们。

老总讲完故事，慢慢地说："一个人成功可以有许多理由，如果说我现在成功了，那么促使我成功的就是这个故事，是他们的这一温暖的举动给了我奋斗的信心和动力，我现在要用我微薄的捐献来感谢那些善良的人们。谈不上回报，只是因为有些温暖犹如火炬，需要不断地传递下去。"

其实，施者的爱心无所谓大小，只要你献出了，就能在受者的心里激荡起一股暖流，产生一种积极而长久的力量。三国时，蜀主刘备死前告诫他的儿子刘禅"勿以恶小而为之，勿以善小而不为"。这句话对于警醒人们立身处世十分重要。

人生在世，应该有个基本的生活态度，起码要自觉地做到为善不为恶。做好事可以有大小，而做好事的精神不可以懈怠，尤其对于不为人们注目甚至不为人们理解的小的好事，也要坚持不懈认真地去做。山不拒细壤，才能成其高；海不拒细流；才能成其大。坚持做小的好事才可以做大的好事。然而，有的人虽然想做大好事，却对小好事不重视，懒得去做。

《后汉书》中记载了这样一个故事。

有一个叫做陈蕃的人从小就有很大的志向，少年时独居一处，一天，他父亲的一个朋友薛勤来访，看见他的屋里不仅很乱，而且脏得不像话，问他为何不整理、不打扫，陈蕃振振有词地说："大丈夫处世当扫除天下，岂止扫一室呢？"

薛勤反问他："连一屋都不肯扫，你又怎样扫天下？"问得他张口结舌、无话可答。

是的，连一屋都不愿意整理和打扫的人，怎么能很好地"扫"天下呢？"小善"尚且不"为"，怎么能为"大善"呢？任何事情都不是一下子可以完成的，都需要一个从量变到质变的过程。古人曾说："合抱之木，起于毫末；九层之台，起于垒土。"积少可以成多，积小可以变大。任何有成就的人都乐意"善小而为之"，并且自觉做到"不以善小而不为"。

生活中有这样一种人，他们看不起一些小事，总是奢望有朝一日"一鸣惊人"，做出一番惊天动地的大事业，转眼间便可一举成名扬天下，这只是幼稚者的幻想。常言道："不积细流，无以成江海。"不难设想，那种平时"拔一毛而利天下"也不愿做的人，那种好高骛远、不做实事的人，那种不行"小善"、空想"大善"的人，是决不会成为有出息的人的。

"所做平凡事，皆成巨丽珍。"这句董必武同志赞雷锋的话正阐述了"平凡"与"巨丽"的关系，也体现了以小积大、以小积多、以平凡铸成伟大的辩证思想。人皆可以为尧舜，只要"不以善小而不为"，就可以由小善而成大善，逐步把自己培养成真正有益于人民的人。而这样的人，一定会得到人民群众的爱戴和尊敬。

第 **4** 章

勤恳踏实

——脚踏实地做人，勤奋比才能更重要

一个人要想成功应有许多因素，这些因素或多或少，或有或无，唯独不能缺少的便是勤奋。在这样一个人才济济的时代，勤奋比才能更重要。

为人处世脚踏实地更安稳

一个人要实现自己的理想，要想让人际关系越来越好，需从一点一滴的小事做起，不断地提高自己的能力，与朋友经常保持联系。然而很多人觉得做小事很丢自己的面子，认为凭自己的能力做那些工作简直是大材小用，认为有些朋友只是一些小人物而不值得重视。

其实，这些看法是极其错误的。总想一步登天、恨不得马上成为像李嘉诚一样成功的人，如果不赶紧改变想法的话，终究会一无所成；总认为小人物不值得自己深交、不值得尊重，往往会败在小人物的身上。归根结底，这些人不管做事还是为人都不能做到脚踏实地。

一年前，小李跟几个老乡一起来到小镇上的一家汽车修理厂工作。小李是个心高气傲的人，他一直想在大城市里做出一番成绩，所以，从进入修理

人品，
看不见的竞争力

厂的第一天开始，他就总是不断地抱怨："这份工作真是脏，每天都弄一身油"、"这根本就不是人干的活儿……"

小李的工作每天都伴随着抱怨声，他说自己仿佛回到了奴隶社会，每天出卖苦力维持生活，他觉得这样的生活是一种煎熬。因为对工作缺乏热情，他时刻都窥视着师傅的一举一动，只要稍有机会，他就会偷懒、应付工作。

一年的时间很快过去了，与小李一同进厂的几个老乡的技术都长进了不少，还有一个老乡被送进夜大进行深造，只有小李还整天沉溺在怨声载道中。终于，他因为心不在焉，对客户的车维修不到位，致使修理厂蒙受了巨大损失，被老板解雇了。

面对生活，不能做到脚踏实地，就会不断地"吐苦水"，就像小李一样，想要做出一番成绩，却成了自己口中"贩卖劳动力"的"奴隶"，最后看着别人升职加薪，自己却丢了饭碗。他的抱怨对于解决问题不仅无益，反而有害，还会导致他产生焦虑和抑郁等负面情绪，渐渐地，连他内心仅剩的一点点快乐与活力也便湮灭了。

分析小李的经历，我们能够发现，他是典型的"眼高手低"：整天对工作抱怨不休、对环境心生疑虑、对同事心存鄙夷，总把自己摆在很高的位置，认为自己做什么都是对的，从来没有想过放低姿态，更不会进行自我反省。面对同样不如意的工作，小李的老乡们却能在其中找到出路，不断提高自己的能力，这才是聪明人的做法。

不能踏实地做人做事的人就无法从"倒霉"的现状中逃离，他们越是想摆脱现状，越会更深地陷入泥沼里。那么他们身上欠缺了什么?让我们看下面的故事。

亨利·福特从一所普通大学毕业后便开始四处求职，但均以失败告终。但福特并没有对生活失去希望，他依旧信心十足、永不气馁。

为了找到一份工作，他四处奔走;为了拥有一间安静的、宽敞的实验室，他和妻子经常搬家。在短短的几年时间内，他们搬家的次数连他们自己都说不清了，但他们依旧乐此不疲。贫困和挫折不仅磨炼了他坚韧的性格，也锻炼了他的耐力和恒心。

后来，福特应聘到爱迪生照明公司的发电站负责引擎工作，起初，他的薪水很低，同学们知道后，都劝他别在那里浪费时间了，可他认为起点低并不代表一直会这样。一年后，由于他对工作的高度负责，被提升为主管工程师，他的薪水一下子翻了两倍，让同事们美慕不已。

从上面这个故事我们可以看出，脚踏实地的人有 3 种品质：第一，坚持不懈；第二，自强不息；第三，勇敢地面对困难。人生是充满挫折和痛苦的，如果你不能脚踏实地来面对，则会把一件简单的事情变得复杂。看到你的惨状，周围的人不会产生同情，只会奇怪你为什么就不能少一点儿抱怨，多一点儿踏实呢？

这个世界上从来就没有什么"世外桃源"，任何事情的完成都需要一个过程，好高骛远、眼高手低，这就等于等待天上掉馅儿饼的机会。作为一个有责任、有理想的人，只有踏踏实实地去做、不断地去解决问题，才能不断提高自己的能力，让自己在竞争中脱颖而出。

"不积跬步，无以至千里；不积细流，无以成江海。"成功从来都不是一蹴而就的，成功是一个不断积累的过程。相反，那些对琐事不屑一顾、处理问题时消极懈怠的人，鲜有成功者。所以，不要和自己过不去，只有踏实一点儿，你的生活才会变得更美好。

成功就是勤奋的累积

　　一位哲人曾经说过："世界上只有两种动物能登上金字塔顶，一种是鹰，另一种是蜗牛。不管是天资极佳的鹰还是资质平庸的蜗牛，能登上塔尖极目四望、俯视万里，都离不开两个字——勤奋。"

　　一个人的成功与成才，环境、机遇等外部因素非常重要，但如果缺少了自身的勤奋和努力，哪怕是天资极佳的雄鹰也只能空振双翅；而有了勤奋的精神，哪怕是行动迟缓的蜗牛也能雄踞塔顶。其实，不管做什么事，都不能靠单纯的能力和智慧，都需要勤奋的精神，甚至可以说，成功就是勤奋的积累。

　　著名的推销商比尔·波特在刚刚从事推销业时屡受挫折，但他还是硬着头皮一家一家走了下去，找到了一个又一个买家，成了一名走街串巷的英雄。如今的他成为了怀特·金斯公司的招牌。比尔·波特说："对你生活中决定要做的事要看到积极的一面，在没有实现它之前，要永远地勤奋下去。"

　　1932年，比尔出生的时候，因为难产导致大脑神经系统瘫痪，这种紊乱严重影响了比尔说话、行走和对肢体的控制，州福利机关将他定为"不适于被雇用的人"，专家们说他永远不能工作。

　　可是，比尔在妈妈的鼓励下开始了从事推销员的工作。开始时，他被好几家公司都拒绝了，但比尔没有退缩，他发誓一定要找到工作。最后，怀特·金斯公司很不情愿地接受了他。

　　1959年，比尔第一次上门推销，走到顾客门口的时候，他反复犹豫了4次，才鼓起了勇气摁响了门铃，开门的人对比尔推销的产品并不感兴趣。接着，他走进了第二家、第三家……比尔告诉自己，如果有100家顾客对产品不满意，那他就会敲响101家顾客的门，如果顾客依然对产品不感兴趣，那么他就会继续敲开下一家。

38年来，连系鞋带、扣衬衫扣子都要别人帮忙的比尔，每天几乎重复着同样的路线从事推销工作。不论刮风还是下雨，比尔每天都坚持背着沉重的样品包四处奔波，还把那只没用的右胳膊蜷缩在背后。在3个月内，比尔敲遍了这个地区所有人家的门。每当他谈成一笔交易时，顾客都会帮助他填写好订单，因为比尔的手几乎累到拿不住笔。

每天出门14个小时后，比尔会筋疲力尽地回到家中。此时他关节疼痛，而且偏头痛还时常折磨着他，但他一点儿也不后悔。每隔几个星期，他就打印出订货顾客的清单，因为他只有一个手指能用，这项简单的工作要花去他10个小时的时间。深夜，他通常将闹钟定在4点45分，以便早点儿起床开始明天的工作。

时间一年一年过去了，比尔所负责地区的住户家门一次次被他敲开，他的销售额渐渐地增加了。最终在第24个年头，在他上百万次地敲开一扇又一扇的大门之后，成为怀特·金斯公司在西部地区销售额最高的推销员，同时也成了推销技巧最好的推销员。

怀特·金斯公司对比尔的勇气和杰出的业绩进行了表彰，他第一个得到了公司主席颁发的杰出贡献奖。在颁奖仪式上，怀特·金斯公司的总经理告诉他的雇员们："比尔告诉我们：一个有目标的人，只要全身心地投入到追求目标的努力中，勤奋地工作，那么工作中就没有什么事情是不可能做到的。"

比尔·波特告诉我们一个浅显易懂的道理：勤奋可以使人们成就一切。平凡的人如果加上勤奋，成功之门必定会宽厚地向他敞开。世界上没有任何可以代替勤奋的东西，教育不能替代，多财的父母、多势的亲戚及其他一切都不能代替，唯有勤奋才能成全你的人生和事业。

在日常生活中，我们经常听到有人叹息自己天生笨拙，无法获得成功。事实上，这个世界上不乏天资聪慧、绝顶聪明之人，但是有天赋却并不意味着一定能成功，而那些天赋一般却意志坚定之人却往往能通过后天的努力而成为同辈中的佼佼者，因为他们知道一个道理：做事情首先要勤奋，只有勤奋才可以弥补天赋的不足。

爱迪生8岁进学校念书，由于显得比其他孩子愚笨，老师经常骂他"糊涂蛋"。爱迪生在学校里待了3个月不到就被母亲领回家去了，这位当过教师的母亲决定自己教导孩子。

在爱迪生一生的发明中，获得专利的有1300多项。单是1882年一年，他申请的专利就有141项。爱迪生最重要的发明是电灯和留声机，其他比较著名的有电影、电车、蓄电池、打字机、水泥、橡皮，等等。从他16岁时的第一项发明——自动定时发报机算起，平均每12天半就有一项新发明。

爱迪生一生共有约两千项创造发明，不是他比别人多么聪明，而是他凭着自己坚持不懈的勤奋努力，终于成为顶尖的发明家，并为人类的文明和进步作出了巨大的贡献。

爱迪生的文化程度极低，却对人类的贡献却这么巨大，如果说他到底有什么秘诀？他的一句名言"天才就是2%的灵感加上98%的汗水"是最好的解释。爱迪生告诉我们，一个人要想取得成功，不是看他有多高的天赋，而是看他是否够勤奋。

伟大的科学家爱因斯坦是个曾经在手工课上做出过"世界上最糟糕的小板凳"的孩子，也是个曾因严重缺乏常识、想用自己的体温把鸡蛋孵出小鸡的人。

被誉为近代科学开创者的牛顿，在科学上作出了巨大贡献，他的三大成就——光的分析、万有引力定律和微积分学对现代科学的发展奠定了基础。一谈到牛顿，人们可能认为他小时候一定是个"神童"、"天才"，有着非凡的智力，其实不然，牛顿在童年的时候身体瘦弱，头脑并不聪明，他的成绩在班里总是倒数第一，他之所以能够成功，靠的是非凡的努力和勤奋。

任何成功来得都不轻松，它需要你付出努力，所以，在你的有生之年，你必须勤奋。如果你渴望获得成功，你就得勤奋，努力做好工作中的每一件事。勤能补拙，或许你的能力并不是所有员工里最为出色的一个，但只要你付出比别人更多的努力，你一样可以做得更好。

勤奋比天赋更重要

有一句话是这样说的："世界上到处是才华横溢却过着穷困潦倒生活的人。"为什么会出现这样的情况？只有一个答案可以解释：这些人不够勤奋，他们就好像古代那个叫做仲永的人一样，虽然聪明过人、出口成章，但高傲懒惰，最终一事无成。

有的人认为取得成就的人都是具有"天赋"的人，认为自己没有天赋，再怎么努力也赶不上。而事实上，勤奋才是造就天才的重要条件。天才出自勤奋，天才并不是高不可攀，也不是先天而成的，只要勤奋努力，每个人都能获得成就，实现自己的天才梦。

曾国藩是影响中国近代史的伟大人物之一，他领导的湘军曾经显赫一时。对于这样一个人，我们肯定认为他很聪明，其实曾国藩小时候的天赋并不高，他的记忆力和同龄人比起来没有一点儿优势。

有一天晚上，曾国藩在房里研读功课，其中有一篇文章不知道读了多少遍，仍然没有背下来。这时候，家里来了一个小偷，躲在他的屋檐下，耐心地等待着曾国藩熄灯睡觉，以便干行窃之事。可是等了很久，就是不见曾国藩睡觉，曾国藩还是在反复读那篇文章。

小偷实在无法继续忍耐下去了，便跳了出来说："你怎么这么笨！这种水平还读什么书？"说完竟然一字不差地把曾国藩朗读的那篇文章非常流利地背了出来。

曾国藩非常惊讶，以为遇到了百年不遇的高人，还想着请他指点呢，但小偷做贼心虚，还不等曾国藩说话就跑了。曾国藩想了好久才明白，原来那个人是个小偷。曾国藩自我解嘲地笑了笑，又继续朗诵那篇文章了。

即便上帝给了我们天分，但如果不勤奋的话，就无法变成天才。就好像故事中的小偷一样，虽然他很聪明，但他只能成为小偷，而曾国藩却能成为毛泽东最钦佩的人，毛泽东称赞他是"近代最有大本夫源的人"。

任何时候，我们都要始终坚定这样的信念：我们的付出一定会得到回报。这种回报有显性的和隐性的，有目前的和长远的。我们要走出误区，不要被显性和目前的回报迷惑了双眼而停滞不前，更不要因为隐性和长远的回报而灰心丧气。如果你没有得到回报，那么理由只有一条：你还不够勤奋。

其实，为人与我们追寻梦想是一样的，你要想别人相信你、信任你，就必须做一些让别人值得相信的事情来。不要以为你说自己是一个真诚的人，别人就会相信，要想让别人相信你的为人，你就得努力去证明。伟大的成就和辛勤的劳动是成正比的，有一分劳动就有一分收获，日积月累，从少到多，奇迹才能创造出来。

一群刚进公司的销售人员向年薪百万的销售总监请教："你是如何取得这么大成功的？"

销售总监并没有给他们讲什么枯燥的理论知识，而是开门见山地问："那你们认为，我是如何取得成功的呢？"他看到这些新人开始窃窃私语，"没有关系，你们尽管大胆地把你们认为可能的理由说出来"。销售总监鼓励他们说。

"因为你有高学历！"

"因为你和公司的老总是亲戚。"

"因为你有销售的天分。"

销售总监仍然摇了摇头,这些新人把想到的一切理由都说了,仍然没有说中,他们怀疑总监在和他们开玩笑。看见学员们满脸的疑惑,这位总监说起了自己的故事:

"我来北京的时候只有18岁,我读不起书,只能读到小学。那时候,村里的人都嘲笑我没钱娶媳妇,于是我发誓,我一定要赚够钱娶一个媳妇回去给他们看看。由于我的学历低,我是给公司免费发了3个月的传单,联系了一家客户才被录取的。做销售,口齿要伶俐,但我天生的缺陷就是普通话说不好,曾经有好几个客户因为听不清楚我说的话而导致谈判失败。为了把普通话练好,我找来小学课本,把汉语拼音重学了一遍,每天含着小石块朗诵课文,力求发音准确。练好普通话后,我开始练胆子,胆大是销售人员必备的一项心理素质。我专门跑到人多的地方,大声地喊出自己的名字。很多人都认为我是疯子,但我顾不得这么多。在客户方面,我的同事们很轻松地就能签下一笔业务,而我往往要联系几十个客户才能成功地签到一笔业务。为了谈判成功,我想尽办法获取客户的详细资料,有一次竟然遭到客户的殴打,说我窃取他的隐私……我之所以能有今天,是我付出了比别人多几十倍的努力换来的。我现在能拿到100万的年薪,靠的就是两个字:勤奋!"

销售总监的故事讲完了,台下响起了一片热烈的掌声。

如果你现在没有成功,不是因为你没有获取成功的能力,只是你还不够努力。看看上面那位销售总监,你应该扪心自问一下,是否有他那样努力?没有的话,就不要想着年薪要拿100万。鲜花和掌声从来不会光顾懒惰的人,超人的成就往往是付出了比常人多数十倍的努力而换来的。

所以,不要怨天尤人,不要梦想着天下有免费的午餐,也不要奢望有能呼风唤雨的父母,因为,即使把你安排到了一个显要的位置,如果你无法胜任,也只能偶尔充当一下南郭先生。请记住这句话:勤奋比天赋更重要。

机遇更钟情勤奋的人

从我们懂事的那一刻起,我们就经常能听到许多有关勤奋的格言警句:"一勤天下无难事"、"书山有路勤为径,学海无涯苦作舟"、"业精于勤荒于嬉,行成于思毁于随"等,这些名言警句都在说明一个浅显易懂的道理:勤奋是一种美德,是一种可贵的品行。

事实上也是如此,这个世界上没有一个人能因为不勤而取得成功的,因为任何人即使在某一方面的造诣很深, 也不能说他已经彻底精通了。"生命有限,知识无穷",任何一门学问都是无穷无尽的海洋,都是无边无际的天空,如果一个人真的以为自己达到了那种最高境界而停步不前、疏于学习,那么他必将很快被同行赶上,甚至超过。

所以,你要想获得比别人多一点儿的机会,就要努力提高自己。一分耕耘,一分收获,任何大有所为的人无不与勤奋的习惯有着一定的关联。一个并不怎么聪明的人,只要他认真地锻炼自己的能力、掌握必要的技巧、付出艰辛的劳动,一样能够获得成功。

曾有人问李嘉诚成功的秘诀,李嘉诚讲了这样一则故事。

曾有一个人问日本"推销之神"原一平的成功推销秘诀,原一平当场脱掉鞋袜,对他说:"请你摸摸我的脚板。"

他满脸疑惑地摸了摸原一平的脚板,十分惊讶地说:"您脚底的老茧好厚呀!"原一平说:"因为我走的路比别人多、跑得比别人勤。"提问者略微沉思后,翻然醒悟。

李嘉诚讲完故事后,微笑着说:"我没有资格让别人来摸我的脚板,但可以告诉你,我脚底的老茧也很厚。"当年,李嘉诚每天都要背着样品的大包马不停蹄地走街串巷，从西营盘到上环，再到中环，然后坐轮渡到九龙半岛的尖沙咀、油麻地。

李嘉诚说："别人做 8 个小时就能成功，我就做 16 个小时，开始时别无他法，只有靠勤补拙。"

李嘉诚起初在茶楼当跑堂，拎着大茶壶，每天 10 多个小时地来回跑。后来当推销员，依然是背着大包一天走 10 多个小时的路。其实，李嘉诚的脚板未必没有原一平的厚。

你要想获取成功，就必须抓住机会。要抓住机会，就要有足够的能力，而勤奋则是提高能力所不可或缺的因素。勤奋是成功的根本、基础、秘诀。没有勤奋，即使你天赋奇佳，也只能平平凡凡地度过一生。任何一项成功都不可能唾手可得。因此，你应当在年轻的时候就培养"勤勉努力"的习性，等年纪大了，再想改变懒惰的习惯就很困难了。

日本最成功的企业家之一松下幸之助说过："我在当学徒的 7 年中，在老板的教导之下养成了勤奋的习惯。所以一些工作在他人视为辛苦困难，而我却不这样觉得，反而觉得快乐。青年时代，我始终一贯地被教导要勤奋努力，所以，我的能力提升得很快，这让我抓住了很多的机会。"

要想获得成功，勤奋工作是最基本的功夫。如果觉得自己的天赋不行，那就更要勤奋努力，就如李嘉诚说的那样，别人用 8 小时就能做好的事情，如果我做不好，我就用 16 个小时来做。要在工作上花费比别人更多的时间，只有这样，你才能为自己争取到更多的机会。

李昌钰是一位国际知名的刑事鉴定专家。1976 年，他在美国康涅狄克州警署刑事鉴定中心担任主任一职，在他之前，还没有一位华人得到过美国司法机构给予的如此高的信任。他的名字已经被列入世界级最神奇的侦探家行列，他被称为当代的"福尔摩斯"。

侦破案件是一件非常艰苦的工作，它不仅要求探案者具有丰富的经验和想象力，而且需要反复查找证据，并要在最有限的证据中得出让人信服的推理和结论。

这种工作所要求的工作量是很大的，他不仅白天要忙于工作，在晚上依然要为工作付出。他每天的睡眠通常只有 4 个小时，吃一顿饭用时不超过 5 分钟，在 30 年的职业生涯中，他几乎每天工作 16 个小时。

人们认为他是一个神奇的警察，对他的能力近乎崇拜，但李昌钰认为自己只是一个普通人，而他之所以能够取得辉煌的成绩只是因为他比别人更勤奋罢了。他认为自己在职业上所取得的每一个进步都是勤奋积累的结果。人们给了他很高的荣誉，那其实是对他勤奋的奖励。他认为勤奋是他获得巨大成就的根本原因，就才智与勤奋相比，他宁可相信勤奋。

如果一个人要想获得成功，又认识到自己在能力上的不足，那么只有通过"勤"才能补救。对能力真正不足的人来说，"勤"就是要花比别人多好几倍的时间和精力来学习，只有不怕苦、不怕困难，机遇才会被你抓住。

在寓言《守株待兔》中的那个人，曾经不费吹灰之力就得到了一只兔子，但此后再也没有得到过半只兔子。所以，不要指望不劳而获的成功，任何成功都来自于勤奋者的努力，世界上没有不劳而获的事。如果你永远保持勤奋的状态，你就会得到他人的认可和称赞，同时也会脱颖而出，并得到获取成功的机会。否则，即使机会来了，你也只能望洋兴叹。

吃苦耐劳能使你更优秀

很多人认为，有本事的人不用吃苦，吃苦的人没有本事，却不知所有有本事的人都是从吃苦过来的，如果他们不吃苦，很可能就会失去工作机会，就没有发展自我的前提。也有人认为吃苦很简单，就是努力工作、埋头苦干、没日没夜地操劳，像蜜蜂一样辛勤。其实这是对吃苦的一种误解。

"不经历风雨，怎能见彩虹。"无论你经营什么、做哪个行业，都必须艰苦奋斗，如果只想坐享其成，就很难会有体现自我价值的机会，就更别提会成为一个有本事的人了。看看有本事的人曾经所从事的职业，我们就可以想出他们在人生过程中吃了多少苦。吃不了苦，就无法成为人上人，总是对目前的工作感到不满，总想找一个既轻松又能赚大钱的工作，结果往往是好机会没有降临，宝贵的年华却被虚度了。

在电视剧《大长今》里有这样一个片断。

长今一心只想在比赛中取胜，用了寻常百姓吃不起的上好牛骨炖汤，这完全与太后娘娘要为百姓找出新食物的用意相左，结果输掉了比赛。

为了让长今认识并反省自己的错误，韩尚宫派长今到云岩寺去伺候年迈卧病在床的老尚宫。长今苦苦哀求韩尚宫将自己留在宫内，韩尚宫却不为所动。

长今走了之后，连生、阿昌跟令路都想成为韩尚宫的上赞内人，可是当韩尚宫用训练长今的方式训练她们时，她们都无法做到。韩尚宫问她们："你们不是说行吗？为什么都做不到？"她们无法回答。

为什么连生、阿昌和令路都做不到？归根结底，是因为她们缺少了像长今那种吃苦耐劳的精神，因此韩尚宫自然不想让她们做自己参加比赛时的助手。

现在，有一个最让企业头疼的问题是：新招来的员工吃不了苦，没有一点儿吃苦耐劳的精神。有些人在企业里干了几天，甚至才干了几小时就辞职走人，没有坚定的意志。

一个知名企业家说：一个优秀的员工要有吃苦耐劳的精神。现在有些青年员工，刚到企业来工作时决心很大，可是最后总有一部分人无法坚持到最后。为什么？就是因为他们缺乏一种吃苦的精神。任何一种工作都很辛苦，但

人品，
看不见的竞争力

美好的生活是靠我们用双手劳动去争取的，你付出多少，就会有多少收获。

文清大学毕业后就来到北京，在一家公司从事质检工作，每个月只能挣1500元，这样的薪水只能让他住在地下室，而且还必须从早忙到晚。他的朋友都劝他换份工作，说这样低报酬的工作不值得他如此卖力。

可是他始终没有放弃，从不抱怨自己的工资太低。他认为，在这儿工作虽然辛苦，工资也不高，但能学到很多非常有用的东西。他诚恳踏实的态度受到了老板的关注，一年以后，他的工资就涨到了4000元，并且被提拔为一个重要的部门的副经理。

在新职位上，文清继续保持自己吃苦耐劳的工作精神，最后被提升到副总经理的位置上，成为公司中收入仅次于老板的人。

其实，每个人在刚参加工作时工资待遇都不高，而且都是做最基础的工作。企业之所以这样做，就是为了磨炼新人，看谁才是真正值得培养的人。所以，千万不要因为工作辛苦、薪水又少就心生抱怨，你现在最需要的就是立刻让自己学到扎实的基本功，为今后的人生道路和职业生涯打好坚实的基础。

老板最欣赏那些具有任劳任怨、有敬业精神的员工，所以，只有踏踏实实地做好现在的工作，将敬业精神彻底融入到你的工作当中，你才能得到老板的重用、赢得未来。无论从事什么行业，只要你尽心尽力去做，就一定能出类拔萃。

小时候，王永庆的家里特别穷。由于他在兄妹中排行老大，从小就担负着繁重的家务。从他6岁起，每天一大早他就起床，赤脚担着水桶去二里多远的水潭去挑水。一天要往返五六趟，十分辛苦。不过，这也锻炼了他的耐力。

为了维持一家人的生计，小学毕业后，王永庆就来到嘉义一家米店当学徒。在那儿待了大概一年，他的父亲见他有创业的潜能，就向亲戚朋友借了两百块钱，帮他开了一家米店。

为了经营好自己的米店，王永庆很用心地盘算着每家用米的消耗量，当他估计某家的米差不多吃完的时候，就将米送到顾客家里。这种周到的服务一方面确保顾客家中不会缺米，另一方面也给顾客提供了方便，尤其令那些老弱病残的顾客更是感激不尽，自从买过王永庆的大米后，再也没到别家米店去买过米。

王永庆并不是一个甘于满足的人，为了增加利润，他减少了从碾米厂采购的中间环节，添置了碾米设备，自己碾米卖。在王永庆经营米店的同时，他的隔壁有一家日本人经营的碾米厂一般到了下午5点钟就要停工休息，但王永庆则一直工作到晚上11点半，结果使日本人的业绩总落后于王永庆。

由于王永庆在年轻的时候肯吃苦耐劳，使他后来在经营台塑企业时能得心应手，即使遭遇挫折也能坦然面对。取得成功之后，王永庆深有体会地说："对我而言，挫折只是提醒了我在某些地方疏忽犯错了，必须进行理性的分析，并作为下次处世的参考与借鉴，这样便能以正确的态度面对人生所不能忍的挫折，并从中获益，这样，挫折的杀伤力就等于锐减了一半，因此，我成功的秘诀就是'吃苦耐劳'这4个字。"

"吃得苦中苦，方为人上人。"这句名言告诉了我们一个千古不变的真理：吃苦耐劳也是获取成功的秘诀。那些能吃苦耐劳的人，很少有不成功的，这是因为吃苦吃惯了，便不再把吃苦当苦，能泰然处之，遇到挫折也能积极进取；如果怕吃苦，不但难以养成积极进取的精神，反而会对困难挫折采取逃避的态度，这样的人当然也就很难成功了。

人生之苦有很多：工作之苦、环境之苦、气候之苦、思乡之苦、离乡背井之苦、抛妻别子之苦、寂寞孤独之苦、上当受骗之苦、失败之苦乃至血本无归之苦等。对于这么多种苦，如果一个人不能用一个积极的心态来"消化"，那么他的精神就会崩溃，但是如果他能用吃苦耐劳的精神坦然面对，那么天下就没有他成不了的事。所以，可以说，吃苦耐劳不仅会让你变得更优秀，还会让你拥有成就事业的基本条件。

处世篇

人品是聚拢人气的前提
优秀的人品能帮你赢得好人缘

　　具有优秀人品的人懂得尊重他人,懂得待人谦和,因此无论是在生活还是工作中,他们都能保持低调、远离恶性。人与人交往,其实本不需要那么多的尔虞我诈和阿谀奉承,只要给予真心,自然能得到他人赋予的同样的真心,继而收获人心。人生在世,能够获得他人的真心的人就是成功的,这就是你的核心竞争力。

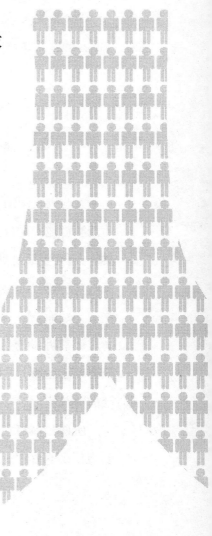

第 5 章
尊重他人
——只有你先尊重别人，别人才会尊重你

尊重他人是做人的艺术，也是仁爱的情操。只有尊重他人才能获得他人的尊重，给别人留点空间，才能完成自我的修行，成就更大的舞台。

尊重他人，才能得到他人的尊重

人与人之间的交流是建立在真诚与尊重的基础上。只有学会尊重别人，才能赢得他人对自己的尊重。尊重他人不仅仅是一种态度，也是一种能力和美德，它需要设身处地为他人着想，给别人面子、维护他人的尊严。尤其对于那些"硬骨头"，这种人像是冰棍子做的性格，能折不能弯，是典型的"吃软不吃硬"。然而，有一种东西能让这种人畏惧，那就是"敬"。比如《水浒传》里的霹雳火秦明，即便是砍他的脑袋，他也不会有丝毫害怕，更别说妥协了，可是只要宋江往地上一跪，就会吓得他跪在地上连磕 3 个头叫哥哥，甚至当了朝廷的"叛徒"。

所谓"人敬我三尺，我敬人三丈"，说的就是如何学会尊重这个道理。秦明为什么不怕砍头而怕宋江？因为宋江敬重他是条好汉。他人给予你的真正

的尊重是自己赢得的,如果你能先弯下腰,别人恐怕就不会对你颐指气使地说话。若想他人"敬我三丈",你必须先"敬人三尺"。

大卫·史华兹开始创建罗兰奴真服装公司时,因为资金短缺,根本聘不起服装设计师,所以只能生产一些很普通的衣服。一天,史华兹像往常一样去一家零售商店推销成衣,店老板很不屑地扫了他一眼,说道:"你这是什么衣服啊,连三流设计师设计得都比这好,我怀疑你的公司没有设计师。"

史华兹心想:他怎么一语说中要害?忽然来了兴趣,便坐下来和他攀谈起来。原来,这个人叫杜敏夫,以前曾在3家服装公司打过工,是位服装设计师。由于老板不识他这匹"千里马",对他的设计总是挑三拣四,从来没满意过,没过多久他就辞职了。后来,他一气之下做起了服装生意,不再从事服装设计。

史华兹相信杜敏夫一定是一个好设计师,便三番五次地亲自拜访,邀请他到自己的公司工作。可杜敏夫是个怪人,他竟大叫起来:"我宁可饿死也不再做服装设计师。"于是史华兹不得不耐心地等待杜敏夫接受他的邀请。

后来,史华兹一次又一次地拜访杜敏夫,功夫不负有心人,杜敏夫终于接受了他的邀请。尽管杜敏夫脾气古怪,很不易相处,但史华兹却以一颗包容之心真诚地接受他。后来,杜敏夫设计出了许多极具创意的时装,帮助公司一举打开了市场。

现在,罗兰奴真已成为美国最大的服装公司。

"三人行,必有我师。"每个人都有自己的优点,任何人的身上都有我们可以学习的东西。只有用这种心态和别人沟通,才能从心底里尊重别人,才能在语言和行动上体现出来。史华兹本着宽容谦虚的心态多次邀请杜敏夫,其实是给予了杜敏夫最大的敬意。史华兹尊重杜敏夫,杜敏夫才会接受邀请,最终成就了罗兰奴真。

"尊重别人吧,它会使别人的快乐加倍,也能使别人的痛苦减半。"诗人普希金曾这样说过。尊重别人不仅是你的一种交际风范，而且也是你良好修养的展现。

尊重他人也是尊重自己，尊重来源于自己，自尊是尊重的最基本的要求。一个人没有灵魂如同行尸走肉，而若一个人没有自尊也就没有存在的价值。士可杀，孰不可辱，自尊表现了一种气节，有了这样的气节，会促使人有无限的动力。

有句话叫"过犹不及"，为人处世必须要掌握好一个度。禅宗有一种处世境界是"花未全开，月未圆"。也就是说花一旦全开，就要凋谢了；月一旦全圆，就要亏损了。而未全开、未全圆，就是你内心有所期待，和朋友相处、和亲人相处都是如此，稍微留一点儿分寸便会海阔天空。尊重需要给别人留点儿空间。给别人留点儿空间，你才会获得自己的空间。生活中的我们应该有一颗仁爱之心，从一开始我们就应该本着平等和理性的态度尊重每一个人，稍微留一点儿分寸，保留一点儿余地，说话做事都不要那么绝对。

赞美他人是一种修行

马克·吐温说过："仅靠一个赞扬我就能很好地活两个月。"科学研究发现，如果得到体贴的照顾和赞美，一棵植物会长欣欣向荣、茂盛丰美。婚姻专家的建议是：如果说送花给妻子是花小钱得大便宜，那么，赞美丈夫就是无本万利的好买卖。

赞美是为自己赢得美德的一种方法，人们总是喜欢戴高帽子，因为赞美使人们有了无限的希望。据说，弥勒菩萨和释迦牟尼原本同时修行，释迦牟尼因为多修了一些赞美的语言，所以早于弥勒菩萨30劫成佛。赞美他人和微笑迎人是给予别人最大的爱心馈赠，既然是这样，我们何乐而不为呢？

人是为了得到快乐和幸福才到人间，所谓"良言一句三冬暖"，讲的就是这个道理。会说话的人，首先考虑的是，一句话说出来是为了表达自己的意思，也是希望对方能喜欢接受，或许，有时候你的一句话会影响别人的一生。

1961 年，贫民窟的黑人穷孩子罗尔斯还是个淘气的孩子，当他从窗台上跳下，走向讲台伸出小拇指时，新任校长皮尔·保罗对他说了一句话。

校长说："我一看你修长的小拇指就知道，将来你是纽约的州长。"

当时，罗尔斯大吃一惊，他高兴坏了，因为从来没有人这么赞美过他。从小长这么大，只有奶奶曾经夸奖过他，让他振奋过一次，奶奶说他可以成为5 吨重的小船的船长，而这一次，皮尔·保罗先生竟说他可以成为纽约州的州长，这太让他感到意外了。于是，他从此记下了这句话，并且相信了自己能够做到。

从那天起，罗尔斯就记住了那句话，纽约州的州长就像一面旗帜鼓舞着他。因为有了这样的信念，他开始注意自己的言行举止，他的衣服不再沾满泥土，每次出门，他都整装待发，用纽约州的州长的职位来约束自己，他说话时也不再夹杂着污言秽语，开始挺直腰杆走路，没过多久，他就成了班主席。

之后的 40 多年间，他没有一天不按州长的身份要求自己，终于在 51 岁那年，他真的成了州长。

由此可见，赞美别人的重要性是如此巨大，一句话也许能开启一个人的心灵之门。多赞美别人是对别人的一种尊重，也是自我的一种修行。与之相反，你的一句不经意的恶语可能能令人寒彻心肺、记恨终生，诚如孙子所言："赠人益言，贵比黄金；伤人之言，恶如利刃。"

小时候，当有人夸我们，我们会高兴得半天感激不尽，有一种想去亲吻对方的冲动。但是有时候，对于他人对我们说的一句伤害我们的话，哪怕是仅仅一句话，我们就会因此而记恨他一辈子。

"语言是老虎"，语言也有可能会杀人，如果你不想赞美别人，请不要用语言去伤害别人，因为往往你的一句恶语会毁了朋友的一生，而一番得体的美言则可以令人为你赴汤蹈火、追随一生、无怨无悔。杨修因为一句话而遭曹操的杀害，而刘备陇中的一番美言却说动诸葛亮出山为己效力，鞠躬尽瘁、死而后已。

没有人不愿意听好话，上至高僧圣贤、豪门大贾；下至贩夫走卒、毛头小孩儿。

赞美他人如同撒香水，当你撒向他人时，自己身上也会散发着香气。看似平淡无奇的赞美，其实背后是有哲学的。这实在是一种双赢的艺术。威廉·詹姆士曾经说过："人类本质里最深远的驱动力是希望具有重要性。人类本质中最殷切的需求是渴望得到他人的肯定。"

人区别于动物的最本质的区别是其具有主观能动性，人所具有的这种渴望被尊重的存在感也随之而来，有了这种需求，才产生了丰富的人类文化。赞美正是抓住了人性深处的这一"渴望重要"的软肋。

赞美别人是你的一种修养，赞美别人体现了你的人品，不要吝啬你的美言，在今天这样一个迷茫困惑的时代，也许因为你的一句赞美之语，会让他人觉得存在的价值。因为赞美，我们会发现自己在被关注着；因为赞美，我们会发现自己在被尊重着；也因为赞美，我们才发现自己在被喜欢着。学会赞美的处世之道，因为它将引导你步往成功的天梯，成为生活的赢家。

把他人放在心上

作为一名普通的士兵，与辉煌的胜利相比，我不重要。

作为一个单薄的个体，与浑厚的集体相比，我不重要。

作为一位奉献型的女性，与整个家庭相比，我不重要。

作为随处可见的人的一分子,与宝贵的物质相比,我们不重要。

我们——简明扼要地说,就是每一个单独的"我",到底重要还是不重要?

这是毕淑敏的作品《我很重要》中的一段话,"我很重要"无疑是在强调"我"的重要性,而为什么要强调呢?因为别人忽视了"我",别人忘记了"我"。每一个人都是独立的个体,当你向别人大声疾呼"我很重要"的时候,你是否想过别人也很重要?你是否把别人放在心里?

王嘉廉是美籍华人、CA 公司的创始人。作为软件界的大腕,他被誉为"华人中唯一可与比尔·盖茨抗衡的人。"取得如此美誉的人到底有什么秘诀呢?据说,在他的公司,员工的忠诚度相当高,作为企业来说,这一点至关重要。其他企业都羡慕万分,他是如何建立企业员工忠诚度的呢?他的秘诀是除了给予员工高于同行的待遇外,还有一点就是让员工时刻感到受重视、受关注。

琼就是一个很好的例子。琼是一位在台湾出生的普通电脑程序员,在一般公司,像她这种基层人士是没有多少机会跟高层领导打交道的。一次,她跟王嘉廉以及王嘉廉之兄碰巧在电梯中相遇,王嘉廉向兄长介绍她时,她发现王嘉廉对她的工作及个人状况相当了解,这让她产生了一种被重视的感觉,不禁受宠若惊。还有一次,在闲聊中,王嘉廉问她会不会烧冬瓜,她说会,并且说这是她很爱吃的一道菜。没过多久,她收到王嘉廉在自家后院种的一只巨无霸冬瓜。这虽然是件小事,却让她非常感动。

成功学家拿破仑·希尔曾说过:"你以怎样的态度对待别人,别人也会以怎样的态度对待你。"你尊重别人,别人也会尊重你。当你第一时间喊出别人名字的时候,别人一定会欣喜万分,因为他会觉得自己在你心目中很重要。虽然琼只是一个普通的员工,但是王嘉廉却能如此重视她,这怎能不让琼对公司忠诚?

人品，
看不见的竞争力

　　有时候，一个手势、一句问候都会让别人对你感激万分，因为你在乎他、你心里有他。无论你是什么身份、什么地位，你若尊重他，他定会心里有你。

　　西奥多·罗斯福是深受美国人民爱戴的总统，他之所以获得了惊人的声誉，是因为他能够真诚地对待每一个人，无论这个人是一名议员还是一名仆人。

　　他的贴身男仆安德烈向人们讲述了这样一个故事。

　　有一天，一生都没离开过华盛顿的安德烈的妻子问罗斯福总统野鸭是什么样子，当时罗斯福总统并没有感到很吃惊，而是很耐心地向她描述野鸭的模样和习性。

　　安德烈和他的妻子住在一栋小房子里，他们离罗斯福总统的住处很近，没想到第二天，安德烈房里的电话响了，电话那头传来了罗斯福总统的声音，罗斯福告诉安德烈的妻子，他们房子外面的大片草地上就有一只野鸭。

　　安德烈的妻子推开窗户，看见了对面房屋窗户里罗斯福微笑的面庞。像这样的人，谁会不热爱他呢？即使他不是总统。

　　就这样，他跟每个人都打招呼，就像多年不见的老朋友一样。后来，在白宫服务了30年的厨师史密斯含着热泪说："罗斯福总统是那样的热情、那样的关心人，这怎能不让人感动呢？"

　　如果你轻视一个人，你肯定不会把他放在心上，因为你根本不在乎他的感受，对他所有的一切都漠不关心。如果你在乎一个人，那你就会关心他的感受、关心他所处的状况、关心他所有的一切。像恋爱中的情侣一样，双方会感受到彼此的轻视或重视，当你想和某个人交往时，把他放在心上，你才会得到他的友谊。为人处世也是一样，你若想和一个人相处，首要的一点就是你要重视他，当然还有一些别的方法。

　　比如，让对方感受到你的关注。你的关注将是你重视对方的一种表现，这会让对方感之于心而发之于情，从而对你产生很深的好感。

让对方感受到你的关注其实并不难，也许在不经意间流露出来情感都会让他觉得他在你心目中很重要。其中，记住对方的名字、了解他的生活与工作情况非常重要。

给对方一个真诚的问候是最有效的方法。人与人之间需要交往来维持关系。但是，由于工作繁忙，你可能不会有太多的时间跟每一位朋友、上司或下属保持经常来往。如果你与他们经常不联系，时间久了，关系自然就疏远了。假如你想和他们来往的话，就要经常抽出一点儿时间给他们一个真诚的问候，不要中断联系，并表示你仍把他们放在心上。

"不对别人感兴趣的人，他一生中的困难最多，对别人的伤害也最大。所有人类的失败都出自于这种人。"这是维也纳著名心理学家亚佛·亚德勒的一本名为《人生对你的意识》中所说到的一句话。是的，不对别人感兴趣、不把别人放在心上的人永远不会成功。

生活中有太多太多的问题是由于一方不把另一方放在心上，或者是双方互相不把对方放在心上引起的，种种仇视和敌意也因此而生，并带来数不清的麻烦。夫妻双方、朋友之间最忌讳的也莫过于忽视对方，不把对方放在心上。如果每个人都对别人多一份关注、多一份重视，这个世界将会变得更加温馨和谐。

给别人留点儿空间

尊重就像一面镜子，镜子里面的你会随时根据自己的一颦一笑而变化，伤心流泪时对着镜子看，越看自己越觉得悲惨。只有学会尊重人，给别人留点儿空间，才能赢得他人的信任。

每个人都有其独特的一面。人外有人，天外有天，我们往往很敬重那些德高望重的前辈，因为他们有很高的学识和素养，他们值得我们尊重，而职位、能力、水平还不如自己的人，我们往往会忽视他们。

在人际交往中，每个人的爱好、性格都不一样，我们不能用单一的标准去衡量、要求，更不能因为别人和自己的性格爱好不同而去否定别人。在为人处世中，我们只有怀着一颗宽厚、温和、仁爱的心，才会创造一种和谐、融洽的气氛。

在办公室里，不管是对同事还是对上司，如果你的内心充满着尊敬，当你对别人说话时是一种发自内心的真实感受，别人一定会感觉到；而如果你是怀着恶意，一味地去抨击讽刺别人，你一定会遭到大多数人的鄙视。

一个人值得我们去尊重，定会有值得我们尊重的理由。也许一两句隔靴搔痒的话不足以证明他就是个道德败坏的人，有时候，即使是敌人，即使是伤害过你的人，你也应该对其抱有一颗宽大无私的胸怀。给别人留条路，会使自己的路走得更宽阔。

三国时期，曹操被称为是最有名的奸雄。提起他，人们总是会说他诡计多端、手腕十足，但是他的英气和壮志却让人赞不绝口，事事体现出大将风范。

官渡之战前，陈琳在一篇檄文中这样说曹操："曹主实乃古今第一'贪残虐烈无道之臣。'这篇檄文是他为袁绍讨伐曹操写的，言辞很犀利，从曹操的祖父骂起，一直骂到曹操本人。此篇文章被传到曹营，顿时沸沸扬扬，没有人不咬牙切齿，觉得陈琳完蛋了，曹主是不会放过他的。

据说这篇文章对曹操的打击不小，确实点中了他的要害。听到这篇檄文时，他还正头痛万分，看完之后一身直冒冷汗，不禁大声厉喊，突然间，头竟然不疼了。

历史往往就是那么巧合，谁也不曾预料到，袁绍战败后，陈琳转投曹操，众人皆认为曹操这回肯定会狠狠惩罚陈琳。虽然曹操对这篇火力凶猛的檄文仍耿耿于怀,但他还是平息了自己的怒火,问陈琳:"你骂我就骂我吧,为何要连我的祖宗三代都不放过呢?"陈琳的回答言简意赅、不卑不亢:"箭在弦上,不墨导不发耳!"曹操听了呵呵一笑,不再计较。此后,曹操对陈琳依然尊重,对于檄文一事不再提及,而陈琳从此对曹操忠心耿耿。

曹操此举无疑是非常聪明的。当年陈琳为敌人办事,自然处处针对曹操,这是臣子应尽的职责。如果杀掉陈琳,虽然别人无话可说,却会扰乱军心。留下他、重用他,这让天下文人武将都能看到曹操对人才的渴求和尊重,其胸怀之宽广更是贤明君主的表现,继而吸引更多能人投奔,可谓一箭数雕。

尊重别人,显示了一个人的自信、气度和胸怀。你若能做到真正地尊重别人,你就会是一个很洒脱的人。有句话叫"君子坦荡荡,小人长戚戚"。讲的就是这个道理。不以高人一等的心态来对待别人,你会发现尊重别人是一件很容易的事。其实,你大可不必担心别人胜过自己、超越自己,更没有必要担心别人不尊重自己。当你学会尊重他人时,你就有了自信。一个宽容、虚怀若谷的人势必赢得广泛的敬意。

某商贸公司新招聘了两位客服人员赵青和马莉,两个女孩学历都不低。赵青很有"眼色",如果对方是老板,她就笑得像一朵花似的,说话还嗲声嗲气的,一脸谄媚地去迎合顾客,而相反,如果前来的是一个普通人,她一般都会板着脸、爱答不理的。马莉则不同,不论对方是老板还是普通人,她都平等对待、一视同仁,和同事相处得很融洽。

一天,有一个人到酒店办公室找总经理,那位来访者来到前台,赵青正在那儿忙自己的其他事务,来访者说:"小姐,请问林总经理在吗?"

赵青抬起头一看,对方身穿的西装一看就不是什么牌子,还土里土气的,说话一口的方言味儿,于是她很不屑地问:"你找我们总经理有什么事?有预约吗?"那人称自己来得仓促,还没来得及联系经理。

"那不行,公司有规定,没有预约我不能让你见。"赵青强硬地回答。

"可是，我有重要的事情找你们总经理，麻烦你给通融通融。"

"我是照章办事，没有什么通融不通融的，请回吧！"

"我真的有很重要的事情，从外地赶来，下午还要赶飞机，请您通报一声，如果他不见我，我立马就走！"

"我说不行就是不行，要是每个人都像你这样，我们经理还不忙死？你下次再来吧！"

"我说你这个小姐怎么这样呢？你们公司一向不是这样待客的呀！"

"那也得看什么客，像你这样的，哼！"

话音刚落，这位中年人就很生气地与赵青争执起来，刚好总经理从门外进来，一眼就认出了那个中年人，这位中年人正是公司目前正在谈的一个大项目的供应商，于是马上客气地把他迎到了自己的办公室。

赵青看着总经理对那位中年人客客气气的样子，顿时傻眼了。没多久，赵青就被公司解聘了，受人喜爱的马莉却在一年半后当上了客服主管。

你可以不喜欢他人，但是你必须学会尊重他人，因为这是自身获得尊重与信赖的基础。当然，你可以去让别人喜欢你，也许会与对方有利益合作，但是你决不能一棒子打死人，置别人于死地，那样只能是两败俱伤。

尊重不是一味地去讨好别人，也不是绝对地信任别人，它是在你与人相处的过程中所表现出来的一种优秀的人格魅力。为人处世，尊重是基本的要求，给别人留点儿空间，会让自己的空间更为丰富。

尊重不是讨好他人，而是一种优秀的人品

阿谀奉承、善于拍马屁的人总会认为尊重是一种讨好的心理，其实尊重和讨好没有必然的联系，讨好他人的人只是一相情愿地牺牲自己的尊严罢了。

尊重与讨好两者的关系有时候很模糊,因为在某种意义上,两者都能够满足人的精神需求,能使人感到欢欣愉悦。然而,尊重与讨好又有着本质的区别。

在与人沟通时,不管是在家里还是在单位,无论是你的上司还是你的同事,都要内心充满着尊敬,不是只在表面上肯定他人的道德、权力、价值,而是一种发自内心且并不流于形式的感受,那么别人同样也会尊重你,愿意和你相处。而讨好则意味着抛弃自我的尊严一味地顺从对方,并且在大多数时候,被讨好的对象与自己的利益休戚相关。

理解了尊重和讨好的关系,我们便知道尊重有时过了火,表现的就是一种对利益的奉承,而我们在得到利益的无形之中也就丢失了一个人的优秀人品。

一次,一位旅居法国的中国富翁在家里开了一次盛大的宴会,所请的嘉宾都是当今社会政治界、经济界的名流。宴会即将开始,这位富翁便到自己家门口迎接客人的到来,突然有一辆大货车开来,富翁心想:邀请的都是贵宾,怎么会有开着货车来的呢?是不是走错了?

正当富翁疑惑不解时,货车突然停下,从上面下来一个人,富翁急忙上前去,仔细一看,原来是位政府官员,富翁顿时傻眼了,问了一下政府官员:"您怎么开着货车来了。"没想到,对方笑了一下回答说:"我是物流部的,开货车为了方便卸货啊,况且我们政府官员的工资低,那点儿工资都不够日常开销的。"富翁很诧异地问道:"您在政府部门为官,一定有很多人讨好巴结您,生意应该也很好的。"富翁说道。

"如果我以权谋私,利用自己的职位去拉拢自己的生意,到了下次竞选时,民众一定会唾骂我,我也一定会失败。"官员回答道。

富翁又问:"既然政府官员这个职位对您没什么好处,您为什么还要当呢?"

人品，
看不见的竞争力

政府官员说:"不能这么说,我看中的是别人对我的尊重,这样的心理感受就是我要的利益!别人肯定我、支持我,我就获得了利益。"原来是这样,富翁对这位官员佩服得五体投地。

这位富翁和大多数人一样都错误地理解了尊重的含义,从某种意义上来说,尊重也是一种利益,这种利益比讨好更令人舒心。试图讨好每个人的人必定会是个失败者,一个聪明的人更喜欢被尊重,也更愿意去尊重别人。

小赵是一位刚毕业的大学生,没有什么工作经验,他在一家广告公司上班,他明白人际关系在他的工作中会起到很大的作用,因此非常注重与同事的关系,竭尽全力想和每一位同事成为好朋友。

每天,他都第一个到办公室,在其他人没来之前就已经打扫好了卫生,对同事更是倍加关心,非常热情地对待每一位同事,经常嘘寒问暖、主动端茶倒水,与别人套近乎,平时脏活累活他全包了,像对待亲兄弟一样对待同事。小赵以为大家也一定会把自己当成兄弟,于是自以为人缘不错。

但是,有一次,小赵生病了,打电话给办公室的同事,让同事替他请个假,同事随口答应了。可是没想到第二天,领导见了小赵就批评他,问他为什么不请假就随便不来上班,小赵急了,就找到同事,问他是怎么回事,没想到同事装作若无其事的样子,说自己太忙了,忘了这事。

小赵听了特别生气,心想:"我整天这样伺候、讨好你们,你们居然这样不把我当回事儿,太没良心了。我把你们的事看得比什么都重要,怎么我一次没来,你们就这样对我呢?"

更让小赵伤心的是,同事们竟然也不问问他的病情,还都责怪他一天都没来上班,好多事情都没人做。气愤之余,他更不明白为什么自己尊重别人竟换来这样的下场。

小赵自认为受到了不公正的待遇,其实这没有什么奇怪的,因为他所理解的尊重就是一味地迎合讨好别人,而他也是这样去做的。尊重并不是讨好他人,在尊重他人的同时也要尊重自己的人格,尤其在职场中,尊重他人一定要建立在平等的基础上,诚信待人、宽容大度、乐于助人。

那么,真正的尊重是什么呢?是道德品质的基础、是敬重自己和他人的尊严、是充分肯定和承认他人的权利、责任、价值、地位等。尊重不是讨好,而是一种优秀人品的展现。

谦虚平和

——低调是一种生活态度，不是贬低自己去抬高别人

> 地低成海，人低成王；韬光养晦、淡定自若才能成大器。低调是做人的一种境界、生存的一种智慧。路径窄处，留一步与人行；滋味浓时，留三分让人尝。与人相交，谦虚平和得人心。

低调做人，是一种生存的智慧

山不曾解释过自己的高度，耸立云端却是对它最高的评价；海从不表白自己的深度，容纳百川却是对它最大的赞美；大地从没有表达过自己的厚度，其承载万物的地位却是无人取代……

在与别人相处中，我们总想要显示点儿什么。然而，一旦显示起来，我们会发现任何语言都是那么的苍白无力，甚至还会越抹越黑。其实，在今天这样一个个性张扬的年代，只有低调做人、低调做事才是生存的大智慧。

综观古今，经得住历史考验的、最后成功的那些人和事，更多秉持的是一种低调的处世原则。无论是在官场还是在商场，他们所讲究的处世策略都是进可攻、退可守，这看似平淡的简单道理实际上却是高深莫测的。

在中国的历史上，被称为第一个"大智慧"的人是舜。根据历史记载，舜出生后不久母亲就离开了人世，后母生了一个弟弟"象"。舜是个孝顺的儿子，尽管后母对他百般刁难，甚至无数次地毒打他，但是他依然很小心的侍奉后母、关照弟弟。

后来，在与家人一起生活的过程中，舜的后母有几次都想杀害他，舜既感到可怕，同时又很无奈，但从来没想过要反抗，于是他独自一个人流落到历山脚下开荒种地。尽管舜的生活过得很辛苦，但为了生存，他不得不接受大自然的挑战，但是他却没有一句怨言，他的这种德行影响到周围的其他人，大家都很喜欢他，四面八方的男女老少都过来和他结伴，他们都希望能和舜成为邻居。

仅仅用了一年的时间，围绕在他身边的人慢慢形成了一个小村落，然后又扩大为城镇、都市，连当时的天子尧也将自己的两个女儿娥皇和女英许配给了舜做妻子。在两位妻子的帮助下，舜通过了尧对他的能力所进行的考试。最后，尧将天子之位禅让于舜。

如果以现代人的眼光来看，舜之所以能够赢得天子之位是因为他有大智慧，这种"大智慧"就叫低调。只有低调的人才会赢得别人的喜欢。舜的谦让、豁达和平和是他低调的体现，所以人们愿意拥护他，和他在一起。

低调做人是一种风度和修养，行事低调的人才会争取到和别人相处的机会。低调是处世的一种智慧和技巧，懂得低调的人才会获得和别人共享的权利。保持低调，是一种博大的生存智慧。

"非淡泊无以明志，非宁静无以致远。"诸葛亮在这里所讲到的淡泊是指思想的淡泊，而不是行动的无所作为。只有宁静、心沉下来才能够考虑得更为久远。冲动是魔鬼，在冲动、情绪化时所作的决定往往是不明智的。自古就有意气用事、冲突毁了大局的事例。为人处世，我们应该控制好自己的情绪，脚踏实地低调做人、高调做事。

人品，
看不见的竞争力

历史上有一段关于蜀后主"刘阿斗"的故事。

蜀后主刘禅小时候乳名叫"阿斗"，因为"无能"而成为中国历史上一位著名人物，所以"阿斗"也自然地被人们认为是无能的代名词。"刘阿斗"果真是无能吗？其实不是。处于当时的历史条件和情景，可以说他的无能无疑是一种自保、是明智之举。

曹魏大举攻署的时候，蜀国的兵力并不强，所以刘禅被迫自保，只能退让。识时务者为俊杰，当时刘禅非常"识时务"，认为投降是对的，不仅可以换来短暂的和平，还能受到优待。后来，刘禅被迫又要北上，随后到洛阳。到了洛阳之后，刘禅发现事情有些不对，心想：曹魏虽然封他为安乐公，但是刚刚晋封为晋王的司马昭是真正掌握实权的人物，这个人物却对他怀有戒备心理，无可奈何之下，刘禅只能选择自保。

后来，司马昭设宴邀请刘禅。宴会期间，特此派人演出楚国的技艺，其实这是司马昭的阴谋，是故意设置的，目的就是试探刘禅。演出时，有人悲伤过度，在一边暗自哭泣，刘禅看了内心也十分伤心，但是看着司马昭那张阴晴难辨的脸，心里开始起了疑心。刘禅心里想：这是不是司马昭故意设置的？一定有什么阴谋诡计。于是，刘禅装作很淡定的样子，笑逐颜开。司马昭看见刘禅并没有起疑心，还是傻乎乎地笑着，认定他一定很愚钝。司马昭悄悄对他的亲信贾充说："人之无情，乃至于此。虽使诸葛亮在，不能辅之久全，况姜维邪？"贾充看着刘禅的样子，也打趣道："不如此，公何由得之！"戏演完之后，司马昭还故作聪明地试探刘禅："颇思蜀否？"刘禅装作很惊讶的样子对他说："此间乐，不思蜀也。"没想到，司马昭竟然信了。

宴会结束后，与刘禅一起随从的一位大臣正好听到上面的一段对话，便对刘禅说："主公，您刚才说的不是太妥当，假如有人再问您这样的话，您应该含泪对他说：'老祖宗的坟墓都在蜀国，我怎么可能不怀念呢？'"刘禅听过之后觉得有点儿道理，对这位大臣点了点头。

不久，司马昭再次召见刘禅，问他是否想家，而刘禅仍然装作很伤心的样子，司马昭心里有点儿纳闷：这怎么像某某的腔调呢？而刘禅很天真地对反问道："您怎么知道教给我的那个人正是你所说的那位呢？"司马昭听过之后哈哈大笑，对刘禅的考验到此结束，从此对他再无戒备心，而刘禅则安然度过了自己的下半生。

在现实生活的为人处世中，抬头会暴露自己的缺陷，而低头却能积蓄自己的力量。刘禅懂得在什么样的情况下低头，所以他活了下来。试想一下，如果刘禅"不识时务"地表现自己，最后可能会落得杀头的后果，而一代蜀国后主在历史上就不曾出现了。龙游浅滩，暂时可以放下身段，方能存活；虎落平阳，姑且可以降低姿态，方能活命。在身处困境的情况下，能低下自己高贵的头颅是一种智慧，也是一种勇气。一个人只有不拘于一时的得失，才能实现自己的目标。

低调做人、韬光养晦、不张扬是一种修养，也是一种风度。如果没有这样的一种品格，你是不会得到幸福和快乐的。无论任何事情都是"过犹不及"，过分张扬如同一把锋利的宝剑，虽然好用但是容易折断，最终将会在放纵、放荡中悲惨而亡，无法在社会中生存、立足。

低调绝不仅仅表现为一种示弱的状态，它甚至是一种更有力的生存策略。从表面上看，低调的人常常给人一种唯唯诺诺、胆小怕事的感觉。殊不知，其实低调是聪明持久的象征，低调者首先放弃的是显耀自己，低调者不愿将自己比别人优秀的地方表现出来，其实这是对其他人的一种尊重、对不如自己的人的一种理解。宽容是低调的本质，低调的人相信：给别人让一条路，就是给自己留一条路。

俗话说："人往高处走，水往低处流。"千百年来，老子所主张的这种"谦下"的处世原则给后人留下了宝贵的精神财富，"上善若水"，指的是做人处世要有水的精神，在今天这样一个纷繁动荡的社会中，如何懂得生存之道？

唯有低调。

低调的人总会比一般的人经受更多的痛苦，因为他们必须要知道如何避免失败，他们不会用种种负面的假设去证明自己的正确。总之，低调是一种优雅的气质；保持低调是对生存智慧的诗意拷问，唯有如此，你才能真正享受生存的快乐。

适当示弱，为自己与他人的交往添加感情分

"天下之至柔，驰骋天下之至坚。"老子这句话的意思是：只有天下最柔的东西才能穿透天下最坚硬的东西。老子认为，最柔软的东西里面往往蓄积着人们看不见的巨大力量。所以有时候，弱并不是代表软弱无能，在恰当的时候懂得示弱，将会为你积蓄更多的力量，以便厚积薄发。

一滴水的力量是微弱的，而水滴却可以穿透石头。"上善若水，水善利万物又不争"，水是最柔的东西，也是最坚硬的东西。做人应该有水的精神，低调行事、以柔和宽容之心待人，以水滴石穿之力对待一切困难。

庄子在《山水》篇中讲到一个这样的故事。

在东海有一种鸟，这种鸟非常柔弱，在鸟群中，你永远看不到它，因为它总是挤在鸟群里苟生，这种鸟的名字叫"意怠"鸟。

"意怠"鸟由于本性柔弱，在和别的鸟一起飞行的时候，它们总是不敢飞行在鸟队的最前面，也不敢在最后面；吃食的时候从来不争先，只是在其他鸟吃完后才找寻残食。它们就这样小心翼翼地活着，所以，鸟群以外的动物也不会伤害它，当然也不会引起鸟群以内的排斥，终日优哉游哉、远离祸患。

"意怠"鸟的生存之道有点儿像鲁迅笔下的阿Q，得过且过，只要能活着就好。适当地示弱是一种生存之道，是对对方的一种尊重，但是过分地示弱

就是真正的弱者行为，"意怠"鸟就是弱者，所以它苟活着，不能独立。阿Q精神胜利法是对弱者最直接的体现，但是人不能只有"骨肉"，还要有"血肉"，只有这样才能成为一个充满活力的人，才会具有光彩照人的生命旅程。

示弱不是一味地忍让，而是在具体的情形下审时度势，做到刚柔并济。在职场中，对于管理下属来说，在行使权力、下达命令时，一定不能示弱，对于原则性的东西不可违背，但情感及语气要柔软温和，这样下属才不会感觉到你盛气凌人、独断专行，你才能服众。而如果只是一味地强硬到底、高调行事，那样只会引起下属的反感和不满。

示弱当然也不是妥协，而是一种理智的忍让，只有宽容的人才会受到大家的欢迎。示弱不是倒下，而是为了更好、更坚定地站立。适当地示弱是一种灵性的觉醒、是一种智慧的显现。人生是一场艰难的马拉松，只有你一步一个脚印地走过，才会迎来最后的胜利。有时候还需要你拿得起、放得下，懂得示弱，你才能走得远。

瑞典有位以登山为生的人，他的名字叫克洛普。在1996年春天的某一天，他与其他12名登山者一起骑自行车从瑞典出发，沿途跋涉、历经千辛万苦，来到了喜马拉雅山的脚下。但在距离峰顶仅剩下300英尺时，他毅然选择了放弃这次登峰的挑战，返身下山，这意味着他所做的一切将前功尽弃、功败垂成。令人不解的是，他为什么要作这样的决定呢？

后来，他说出了原因，他说："我们预定返回的时间是下午2点，虽然当时只需要45分钟我就能登上山顶，但我知道如果我那样做的话，也许今天我就不在这个世界上了。因为在那种情况下，我一定会超过安全返回的时限，无法在夜幕降临前下山。"

事实证明，克洛普当时的决定是对的，他敢于放弃那次逞强的任务是明智之举。同行的另外12名登山者因为错过了安全返回的时间而葬身于暴风雪中，让人扼腕叹息。而克洛普不畏艰险，经过对恶劣环境的适应，在第二次征服中轻松地登上了峰顶。

换个角度想，如果克洛普一味地坚持、一味地逞强，不甘于示弱、不顾一切地去实现目标，那么他将和其他 12 名同行一样丢了自己的性命。克洛普学会了示弱、学会了审时度势，把握全局，以小忍换大谋保全了自己，最终攀上了成功之巅。

在现实生活中，人们往往都不愿意示弱，觉得示弱就是伤自尊，就是不自信的表现。认为只有表现强势，人们才会惧怕你。有时候，我们可能因为生活的琐事而去计较，比如谁也不想让别人"小看"，所以一定要去争那口气，去发生无谓的争吵和打斗，制造不良的影响和严重后果，然后追悔莫及。

生活中总会有酸甜苦辣，人生百味，一个人活在这个世界上难免会遇到各种各样的问题，工作中的困难、上级的误解、同事之间的竞争，同学、朋友之间产生的误会，甚至偶然在街上逛街、逛商店都会遇到各种不同的问题，如果你不懂得示弱，伤了和气，最终只能自食其果。

"木秀于林，风必摧之。"柔弱的芦苇在暴风雨中还是会弯腰低头，此后等到阳光明媚时又挺直身躯，这是自然现象。做人做事也是如此，永远要以"弯腰"的姿势处世，如果事事逞强、时时逞强，一定会让自己活得很累，只有学会适当示弱，才能走出别样的人生之路。

适当示弱是一种智慧。忍一时风平浪静，退一步海阔天空。生活中没有那么多大是大非的严肃问题，朋友间的误解、夫妻之间的争吵、父母与孩子之间的隔阂等这些都需要你有一种谦虚忍让的心态来面对，若一味地逞强，恐怕你会失去更多的东西。无论是"忍"还是"退"，都是适度的示弱，它需要一种宽广的胸怀和博大的胸襟。

适度示弱是一种勇气。韩信忍"胯下之辱"，成就一代名将；项羽不能忍一时之败，落得乌江自刎的悲惨结局，可谓"小不忍则乱大谋"。敢于放弃名利去屈从别人是一种气度，生活中，懂得忍辱负重、尊重别人、宽容别人、适度示弱,才会成就你的远大理想和目标。如果说逞强示威需要勇气,那么适度示弱也同样需要一种勇气,适度示弱是一种境界。

清代宰相张英和叶侍郎毗邻而居,两家因地界问题发生争执。为此,张英给家人修书一封:"千里修书只为墙,让他三尺又何妨。万里长城今犹在,不见当年秦始皇。"主动让出3尺,叶家深感惭愧,也将院墙后退3尺,从而留下了"六尺巷"的美谈。

人生不是一条单行线,而是一条双行线。世界上也没有绝对的事情,强者和弱者之间的差距只是一个选择问题。低调做人、高调做事无疑是最明智的选择,而懂得何时适当地示弱将会为你与他人的交往添加不少感情分。

与人相处要谦和,有理也需让三分

在自然界中,水因为愿意往下流,所以可以积蓄力量,减少不必要的阻力;而与之相反,如果一味向上,只会消耗精力、增加危险。在为人处世中,我们要学习水的谦卑,尽量减小矛盾和冲突,才有利于维护和谐的人际关系。

"服务员!你过来!你过来!你来看一下!"一位顾客高声喊道,并指着面前的杯子生气地说:"看看!你们的牛奶是不是过期了?把我一杯红茶全给毁了!"

"对不起,真对不起!"服务小姐一边道歉赔不是,一边微笑着说:"我马上去给你换一下。"

准备好的新红茶很快就端来了,碟子和杯子和以前的一模一样。杯子里放着新鲜的柠檬和牛奶。服务小姐轻轻地将其放在顾客面前,又轻声地说:

"先生,我是不是能建议您,如果放柠檬就不要放牛奶了,因为有时候柠檬酸会造成牛奶结块。"

那位顾客的脸一下子红了，匆匆喝完茶后便走了。

有人笑着问服务小姐："明明是他土，你为什么不直接说他呢?他那么粗鲁地叫你，你为什么不还以颜色?"

"正是因为他粗鲁，所以才要用委婉的语气来和他说话;正因为道理一说他就明白，所以用不着大声。"

服务小姐说："理不直的人，常用气势来压人。理直的人，要用气和来交朋友!"

在场的顾客无不都对服务小姐点头笑了，并对这家餐馆增加了不少好感。以后，只要他们每次见到这位服务小姐，都想到她"理直气和"的理论，而那位粗鲁的顾客再次走进这家餐馆时，对这位服务小姐也笑容可掬。

"用争夺的方法，你永远得不到满足;但用让步的方法，你可能得到比你期望的更多。"这是犹太人喜欢的一句格言。"二战"时期，纳粹几乎将犹太人以屠杀的方式对其灭绝，而犹太人却有着这样的心态，实在让人佩服。难道犹太人没有理吗?就像上面故事中那位服务小姐一样，有理就要理直气壮地大声辩驳吗?当然不是。

在今天这样一个纷繁复杂的社会中，谁能保证自己不会和别人发生一些小矛盾?谁又能保证自己事事处处都占理?只要不是原则性问题，只要没有根本的利害冲突，即使自己占理，让一次又能怎么样?再说，与人方便就是对自己的恩惠，尊重他人就是尊重自己。

人们往往把大海比作宽广的胸怀，因为大海能广纳百川，也不拒暴雨和巨浪;也有人把忍耐性比作弹簧，弹簧具有能伸能屈的韧性。在一个单位或集体中工作学习，难免会与他人产生一些意见或矛盾。但是，如果经常为一些鸡毛蒜皮的小事争得面红耳赤，谁都不肯甘拜下风，以致大打出手，是很不明智的，也是很不值得的。

生活中难免会有磕磕碰碰，其实，有时和别人争论后静下心来想想:当时若能忍让三分，不就没事了吗？就能大事化小、小事化了。事实上，越是有理的人，如果表现得越谦让，越能显示出他胸襟坦荡、富有修养，反而更能得到他人的钦佩。

一天，美国第25任总统威廉·麦金莱的办公室里突然闯进几个人，进来就大吵大闹，还蛮不讲理地向他提一项抗议。说话声音最大的是一个议员，他的脾气很大，说话也很难听，开口就咒骂麦金莱，而总统麦金莱却并没有反击，他很淡定地看了一下这个发怒的议员。他心里明白，现在作任何解释都是徒劳，会导致更激烈的争吵，这对于坚持自己的决定很不利。

麦金莱总统依然一言不发，他默默地听这些人叫嚷，直到这些人说得都筋疲力尽了，把身上的怒气发泄完了，他才用温和的口气问："现在你们觉得好些了吗？"

刚才破口咒骂他的那个议员的脸立刻红了，麦金莱平和而略带微笑的态度顿时让他觉得自己很惭愧，一下子比总统麦金莱矮了一截，原来自己粗暴的指责根本站不住脚，也许总统麦金莱根本就没有错。

直到后来，这位议员也没有完全明白总统麦金莱为什么当时不反驳。总统麦金莱向他解释为什么会作那样的决定、为什么不能更改？总统麦金莱没有当面与他争论的行为让他觉得自己很没素质、没有修养，不过打从心眼里，他开始服从总统麦金莱了。当他再次回去报告交涉结果时，只是说："伙计们，我忘了总统麦金莱所说的是些什么了，不过他是对的。"

失败者往往喜欢抱怨，喜欢无休止的争论，喜欢挑起争端，喜欢让其他人心里不平衡。也许那些挑起争端的人会觉得同事和朋友们会对他们的机敏和智慧留下深刻的印象，其实这是一种严重的错觉。麦金莱总统并没有说什么精彩的话语，但是却折服了在场的每一个议员。

美国众议院著名发言人萨姆·雷伯说道："如果你想与人融洽相处，那就多多附和别人吧。"他的意思是说你不可能一方面无休止地激恼别人，而另一方面又指望别人来帮助你，谁也不喜欢这样。林肯早年因说话言辞犀利而导致与人决斗。随着年岁渐增，他也日趋成熟，在非原则问题上总是避免和人发生冲突，他曾说："宁可给一条狗让路，也比和它争吵而被它咬一口好。被它咬了一口，即使把狗杀掉也无济于事。"我们在遇到某些不讲理的人时，如果不争论也无关紧要，如果不存在大是大非的问题，那么就向林肯学习，让他一下又何妨？

有修养的人会说话，更善于倾听

著名励志大师戴尔·卡耐基曾经这样说过："专心听别人讲话的态度是我们所能给予别人最大的赞美，也是赢得别人欢迎的最佳途径。"上帝给我们两只耳朵、一张嘴巴，目的是让我们多听少说。说得少，才能听得多，只有学会倾听、学会尊重，我们才能赢得好人缘。

倾听就是安静细心地听别人诉说。有时候倾听是一种习惯，善于倾听是一个人不可缺少的修养。有修养的人会说话，更善于倾听。学会倾听不但能正确完整地听取你所想要的信息，而且会给人留下认真、踏实、尊重他人的印象。

美国教育学家娜思夫人说过这样一句至理名言：从小播下良好习惯的种子，将会获得命运的收获。有良好倾听习惯的人将终生收益。善于倾听是与人交往的一种能力，是一种优秀的品格。

一家电话公司曾遇到过这样一个案例，一位客户非常苛刻，以不满意该公司的服务质量为由，经常前来刁难工作人员，并威胁公司要拒付通话费用，如果对方不答应，就要向报社曝光、向消费者协会投诉。不但如此，这位客户还四处宣扬、散布谣言，诋毁电话公司。

电话公司不想让这个人总来找麻烦，就派工作人员和这个客户进行协商，劝他不要再继续闹下去，这样对谁都不好，但是仍然无济于事，虽然派去的这个人口才很好，善于讲道理、摆事实，几乎把这个人说得哑口无言、无言以对，但是最后还是无济于事，那个客户反而闹得更厉害了。

没有办法，电话公司只好又派了一名调解员去解决这个事情。这个调解员最大的特点不是说得有多么好，而是善于倾听。在和这个客户交谈的过程中，他不断地用"是"、"嗯"点头，用微笑来示意对方。他尽量让对方把所有的不满都发泄完之后才微笑着向对方解释。

这个客户还真是一个麻烦人，属于不说完绝不罢休的一类。他滔滔不绝地说了整整 3 个小时，调解员就不厌其烦地听了 3 个小时。之后，调解员还登门拜访了他两次，专门去听他发泄心中的不满。当调解员第 3 次去他家时，这位客户终于被打动了，并且很礼貌地和他交谈，并表示不再纠结这件事了，还撤销了向有关部门的申诉。

说得太多就能劝服别人吗？答案通常是否定的。故事中的这位客户表面上是在维护自己的权益，实际上是想获得一种尊重。当第二位调解员给他以足够的尊重时，其实他心里的不满和委屈已经消除了。有时候，不需要你据理力争，非得把别人说得心服口服。解员并没有费尽口舌地劝说对方，他只是一直在倾听对方说，最后顺利地疏导了客户的不满情绪，使客户感到受到了尊重，也让自己显得很有修养。

与人相处，多听少说更容易受人欢迎。倾听是尊重别人的表现，不仅能为你赢得良好的人际关系，也是虚心学习的有效途径，能让你从别人的诉说中学到更多知识。听别人说话并不是一言不发地呆坐着，而是在每一次倾听之后，你都能获得更多的收益。

倾听别人说不仅是对别人的尊重，最重要的是显示了你低调为人的处世风格，当然，你在倾听的过程中也会学到很多东西，从而使自己更完善。

地位越高，越要低调

法国哲学家罗西法古说："如果你要得到仇人，就表现得比你的朋友优越；如果你要得到朋友，就要让你的朋友表现得比你优越。"每个人都有"好胜心"，都不希望被人超过，当别人超过自己时，你便会有自卑和忌妒的心理，而当自己超过别人时，可能你会觉得自己地位很高、很有成就感，其实这往往是你的一己之见，真正的强者从不会表现出自我优越感，而是低调为人、谦和处世。

低调是最高的炫耀，低调代表了一种生活态度，显示了一种处世哲学。在我国古代有这样一个故事。

子贡是孔子最得意的门生，他不仅有渊博的学识，而且其谦虚谨慎的人品得到了大家的肯定。一次，子贡在去承地的路上看见路边有衣衫褴褛的人，他的名字叫丹绰。子贡走上前，很不屑地看了他一眼，漫不经心地问道："喂，这里距离承地还有多远？"

丹绰看了他一眼，没有说话。子贡不高兴地说："人家问你呢，你却不回答，真没礼貌？"

丹绰掀开身上裹着的破布说："看见别人却心存轻视之意是否有失厚道？看见别人却不认识别人，是否有欠聪明？无故轻视侮辱别人，是否有伤道义？"

子贡一听这话，顿时觉得此人绝非等闲之辈，一定是个高人，于是立刻下车，充满敬意地走向前说："我确实失礼了！您刚才指出了我三大过失，您还可以再告诉我一些吗？"

丹绰说："这些对你已经足够了，我不会再告诉你。"

此后，子贡对人再也不敢起轻视之心，每次在路上碰到人都会行礼，如果是两个人，就在车上行礼，5个人的话就下车行礼。

人人都有虚荣心，没有谁愿意低人三等地说话。丹绰之所以赢得子贡的尊重是因为他低调的待人态度，子贡自以为是地认为自己的地位明显高于丹绰，其实那只是表象，虽然丹绰衣衫褴褛、食不果腹，但是他要比子贡更有学识，更懂得做人的道理。

苏格拉底曾告诉他的门徒一个圆融的处世方法："我只知道一件事，就是我一无所知。"因为只有学会在别人表现得面前一无所知，自己才会有所知。常言道："天不言自高，地不言自厚。"越是沉穗的谷子，越是低下头。然而，现实生活中却有些人喜欢张扬、高调。

有的人看过几本书就得意扬扬，自诩饱学之士、满腹经纶；写过几篇发表的小文章，就故作镇定，自封著名诗人、作家；还没干出一点儿成绩，就"拉长、吹大、垫高"，再通过媒体"精心包装，隆重推出"。凡是这样的人，肯定心里没有底，真正的大师是不需要宣传夸大的，比如"杂交水稻之父"袁隆平。

在《感动中国颁奖词》中这样写道：

他是一位真正的耕耘者。当他还是一个乡村教师的时候，已经具有颠覆世界权威的胆识；当他名满天下的时候，却仍然只是专注于田畴。淡泊名利，一介农夫，播撒智慧、收获富足。他毕生的梦想就是让所有人远离饥饿。喜看稻菽千重浪，最是风流袁隆平！

美国科学院院长西瑟罗纳先生在新当选院士就职典礼上介绍袁隆平院士的当选理由时说：

袁隆平先生发明的杂交水稻技术为世界粮食安全作出了杰出贡献，增产的粮食每年为世界解决了7000万人的吃饭问题。

研究杂交水稻的成功虽带给了他许多的荣耀和光环，可他却从不摆名人架子，坦诚地对待周围人。在研究中心，他经常组织研讨、鼓励大家发表见解，集思广益；他经常接待国内外同行的友好访问，十分珍惜这样的交流机会，常常邀请客人举行学术讲座，以便开阔自己的眼界，和别人交流互通心得。往往在这种时候，他把自己当成学生，虚心地请教问题。

袁隆平的淳朴、真诚、低调的作风感动着每一个人。他不讲究吃穿，办公室的设施也很简单。他个人获得的科学技术奖金上亿，但是添置衣服时却挑选便宜的，有一次，他花 100 元买了 7 件衬衣回来，还和大家笑说可以穿好几年。他把获得的奖金都用在科研基金上，除此之外，他还以个人的名义捐助了多名困难学生，帮助农民的后代获取受教育的机会。

作为一位无数次登上荣誉殿堂的院士，袁隆平的地位不高吗？但是他从来不觉得自己有多么伟大，而今，已年过 70 多岁的他依然耕耘于田间地垄，这就是一种境界——低调的境界。

低调是为人处世的一种智慧，是一种良好的品格。作为普通大众的我们应该怎么保持低调而又不失自己的地位呢？

首先，在姿态上要保持低调。无论在职场、商场中都要把姿态放低，低调是一种进可攻、退可守，看似平淡，实则高深的处世谋略。

其次，在心态上要低调。即使功成名就，也要保持一颗平常心。做人不要恃才傲物，容人之过方显大家本色。事事不要锋芒毕露，低调做事才是明智之举。

再次，在行为上要低调。韬光养晦、大智若愚、深藏不露，是一种智谋。过分地张扬自己，锋芒毕露，就会经受更多的风吹雨打。暴露在外的椽子自然要先腐烂。一个人在社会上，如果不合时宜地过分张扬、卖弄，那么不管多么优秀，都难免会遭到明枪暗箭的打击和攻击。

最后，在言辞上要低调。沉默是金，不揭人伤疤，不要刻意去伤害别人的自尊。有时候，因为你的一句话，别人可能会受到很大的打击。

第 **7** 章

远离恶行

——人品关乎点滴的善行,而非卓越的成就

厚德善行,有容乃大。善待他人是一种仁慈,诋毁他人是一种罪恶; 帮助他人即是帮助自己,点滴善行关乎人生成败。

慷慨大方,善待落魄的人

"把握生命里的每一分钟,全力以赴我们心中的梦,不经历风雨怎么见彩虹,没有人能随随便便成功。"《真心英雄》里的这段歌词真实地道出了成功者的心里话。是的,不经历风雨怎能见彩虹?在人生漫漫路途中,谁也不曾都是辉煌的,每个人都有落魄的时候。

我们总是在等待生命中的那个伯乐的出现,尤其是在我们失意落魄的时候,可我们可曾想过别人落魄之时,我们有过善行吗?与人相处,需要我们以一颗善良诚恳的心。假如你在最困难的时候有人帮你一把,你定会感激万分。俗话说患难见真情,你对别人没有恩,别人怎么会回报你呢?

善待落魄的人,对别人是一种恩惠,对自己也是一种修行。滴水之恩当以泉涌之报,每一个人都有一颗善良之心,一个真正有知识的人是对社会有

责任的人。

汉三杰之一的韩信，和张良一样，亦是出身贵族。但楚国灭亡后，沦落潦倒不堪，曾在南亭亭长家混饭吃，时间长了，亭长老婆对他很厌恶，一天大早坐在床上把饭吃完了。韩信赶饭，扑了个空，知道是自己蹭饭遭嫌，人家以此来羞辱自己。他也不说什么，气呼呼地就跑出去了。

跑到外面也没吃的，只好去河边钓鱼。这时，有一群帮人家洗衣服布匹的妇女（漂母）刚好也到河边来洗衣布，其中一位老妇见韩信饥饿可怜，每天都将自己的那份饭分成两半，留给韩信一半，就这样毫无厌倦之色地救济他，韩信非常感动，对漂母说：我将来富贵了，一定要重重地报答您老人家！漂母生气地说：我给你饭吃，是看你实在可怜，不是为了图你报答！

陈胜吴广起义后，韩信投靠刘邦，立下赫赫战功，后来天下平定，韩信被改封为楚王。

韩信衣锦还乡，找到当年的漂母，报以千金。

比尔·盖茨说：善待他人就是善待自己。面对纷繁复杂的社会，我们应该始终有一颗善良的心。请不要吝啬你的善举，帮助那些落魄的人，也许你的明天会更美好。

一个谎言会招来更多的谎言

梁启超先生曾说："心口如一，就不失为光明磊落丈夫之行为也。"他的意思是说，做人应该光明磊落，心中所想和口头所说的要完全一致。在古代，我们称这样的人为正人君子，现在我们称他们为诚实的人。

对于一个言行诚实的人来说，因为有正义与公理作为支撑，所以会显得更加淡定，他从来不会惧怕这个世界。而一个满口谎言的人会经常对自己这样说道："我是一个戴着面具的人,我在说谎,我不是一个诚实的人。"有一句话是这样说的:"卑鄙是卑鄙者的通行证,高尚是高尚者的墓志铭。"若要做一个高尚的人,就永远不要欺骗任何人。

卢梭是法国著名的革命家、哲学家。在他小的时候,发生过一件令他十分懊恼的事情。因为家里穷,为了生存,卢梭被人介绍到一家有钱人家里打工。没想到,卢梭刚到他们家没几天,女主人就去世了。女主人死的那天,家里很混乱,卢梭出于好奇,便偷偷地拿了这家小姐的一条绣带,而他却没刻意藏起来。没想到,没过几天,戴在身上的绣带被老管家发现了,老管家很严厉地问卢梭:"这条绣带是从哪里来的?"

当时卢梭非常紧张,他不知道说什么好,吓得直冒虚汗,吞吞吐吐了半天之后才说:"是马里翁送给我的。"

大家听说是马里翁偷了绣带,都不相信,因为家里人都知道马里翁的为人,她长得漂亮,而且乖巧、谦虚、诚实,大家都很喜欢她,她怎么可能会偷绣带呢?管家怀疑卢梭在撒谎,于是把马里翁叫来,当面与卢梭对质。

卢梭由于做贼心虚,看到马里翁之后便抢先大声地说:"就是她!是她把那个东西送给我的。"马里翁吃惊地瞪大眼睛看着卢梭,好半天才说:"不是的,管家,我真的不知道这件事。我不知道您为什么要怀疑我,我也没见过这条绣带。"

卢梭仍然硬着头皮说:"你撒谎,就是你送给我的。"

马里翁一脸很无辜的样子看着卢梭,说:"卢梭,求你说实话,你这么小,你是不会撒谎的,可不要因为一条绣带而断送了我的前途啊!"

卢梭虽然知道这样诬陷他人是不对的,可是既然话已经说出来了,也不好意思反悔,只好继续很无耻地指控马里翁。

马里翁十分生气,她对卢梭说:"卢梭,我原来以为你是个好人,真没想到你是个爱撒谎的坏孩子,我真看错你了。"

　　她不再理会卢梭，转过头去向管家解释自己的委屈，努力地为自己辩解。最后由于卢梭和马里翁都不承认是自己偷拿了绣带，管家只好把两个人都辞退了，并且说："撒谎者的良心会惩罚罪人的，它会为无辜的人找回公道的。"

　　之后，老管家的预言果真显灵了，卢梭受到了上帝的惩罚。每次想起那双无辜而又善良的眼睛，卢梭总会陷入深深的自责之中，良心受到谴责。是他害了一位诚实善良的姑娘，害她丢了工作，还背上了小偷的罪名。一想到这些，卢梭就觉得有千万只虫子在肚里来回翻腾。

　　一个谎言常常能导致更多的谎言。也许在马里翁以后的工作中，为了掩盖自己被辞退的理由，可能会说一个更大的谎言，又或许当她再次遇到这样的情况时，她也会选择把罪责嫁祸于别人，结果使一个恶果产生了更多的恶果。而卢梭因为诬陷一位无辜的姑娘，终生都将受到良心的谴责。如果时间可以倒转，卢梭一定会毫不犹豫地对管家说出事实。

　　有一位父亲在教育自己的孩子时曾这样说过："永远不要说谎，一句也不可以，你只要说一句，就要用 15 句来掩饰。"一句谎言要用 15 句谎言来掩饰，这不是得不偿失吗？真相总有公布的那一天，纸是包不住火的，即使你掩饰得再完美，也有被揭穿的那天。用编造谎言来伪装自己，所付出的代价是很惨痛的。

　　有位男士在网上交了一位女友，这个女孩长得并不漂亮，但是男士和她见过面之后很能谈得来，于是他开始对这个女孩上心了。男士的朋友帮他介绍女朋友都被他拒绝了。他从心底里喜欢这位女孩，他愿意追求她。

　　后来女孩病了，男士非常疼她，便陪她去医院看病，为了这事还耽误了工作，差点儿被老板炒鱿鱼。男士一直希望女孩能告诉她实话，最起码告诉她工作单位和家是哪儿的，可女孩总是含含糊糊，编了一个又一个谎言，而他们约会的地点也总是商场、咖啡厅、饭店等公众场合。男士非常痛心，他多次想多了解女孩,可是女孩总是在掩饰。他们交往了一个月,吃饭、逛街、买衣服花了男士3000多块钱,男士从来不为钱感到痛心,他只是一直在等待女孩能对他说句实话,但是女孩没有。最终,男士选择了放弃。

这时,女孩终于有了悔意,原来,这位像风一样神秘的女孩果然是个骗子,这位男士已经是她第4个骗过的人了。男士的离开让女孩觉得自己好卑鄙,其实她从心里还是喜欢这位男士的,只不过抵不过现实的诱惑,她以为只有这样用谎言来掩饰才能保持她的神秘性,这样男人就会一直对她好。

女孩开始醒悟,她知道从一开始就在骗别人,最终的结果也是理所当然,可是男士已经离开了,他们再也不可能继续交往了。

人的生命不可能从谎言中开出灿烂的鲜花,女孩的爱情在谎言中被葬送了。一位哲人说得非常好:"一旦撒了一次谎,就需要有很好的记忆力把它记住。"为了不让自己尴尬,为了不让自己难堪,为了圆一个小谎,你需要编造更大的谎言来掩饰。在社会中,撒谎的人往往就是这样被谎言一步步逼上不归路的,从小骗子变成大骗子,最终把自己骗到监狱里。

周恩来说过:"自以为聪明的人往往是没有好下场的,世界上最聪明的人就是最老实的人,因为只有老实的人才能经得起事实和历史的考验。"为人处世,诚实守信是根本,谎言只会像雪球一样越滚越大,最后无法收场;谎言不能代替谎言,只有诚实的人才会走得更远。

注意德行,对自己的人生负责

"人最宝贵的是生命,生命对人来说只有一次。人的一生应当这样度过:当回忆往事的时候,不会因为虚度年华而悔恨,也不会因为碌碌无为而羞愧;在临死的时候,他能够说:'我的整个生命和全部精力都已献给了世界上最壮丽的事业——为人类的解放而斗争。'"

这是《钢铁是怎样炼成的?》中保尔·柯察金的一句话,这句话曾经为很多迷茫的人指引了方向。生命对于每个人都只有一次,我们应该对自己的人生负责,没有任何人可以替而代之。生活在和平年代的我们也许不需要再喊为人类的解放而斗争,但是和平时代有和平时代的新意,我们对时代负责也是对自己负责。我们需要对自己的人生负责,注意自己的德行,只有这样,我们才不会虚度年华,才会活得有意义。

《士兵突击》是一部以军旅为题材的电视剧,它讲述了一个普通士兵许三多的成长历程,该剧上映后引起了很大的社会反响,无论是专家学者还是普通大众都在讨论许三多的那句话:好好活,就是做有意义的事。

许三多——一个被父亲打骂出来的"龟儿子",参军入伍只是为了不让父亲再受欺负,因为他脑子笨,学不会东西,又成为了被连队踢出来的"三呆子"。在草原五班,许三多是最后一个进去的,但是却是第一个走出来的。如果说机会是给有准备的人,那么对于许三多来说,修路这件事无疑是他改变命运的一次机会。

在草原那个荒无人烟的地方,修路简直是天方夜谭。班长老马和团长王家瑞都有过修路的经历,当年王家瑞带领一个加强排驻扎在那儿,结果因为没有经费而半途而废。当许三多提出他要自己修几条路时,在他们看来,这个新兵蛋子简直是在说瞎话,因为那是根本不可能实现的事情,而许三多却创造了奇迹,他成功了。

相当于"愚公移山"的这项工程为什么何其难呢?具体来说,首先是修路没有石头;仓库、哨位,营房之间的总距离为427米,路宽1米,共计为427平方米。如果按照1平方米30块石头来计算,至少需要1.2万块石头,还不包括路沿石和中间的五角星。其次还要翻土、压实、砸石……还有材料,这是最大的困难,"巧妇难为无米之炊",在草原上,去哪儿去找石头呢?许三多需要走出草原,艰难跋涉才能捡回来石头。其中还有来自老魏、李梦的忌妒、报复和打击。最明显的一次是他们在夜里搞破坏,老魏和李梦带着铁锹偷偷地去破坏刚修好的路,好在他们觉得有点儿不安,被班长发现,没有做成。

天道酬勤,也许是功夫不负有心人,许三多凭着那股执著劲儿,硬是修出来了一条路,这反倒让战友们觉得自己的生活越来越没有意义,许三多经常对他们几个说:打扑克没意义,修路有意义。谁不明白这个道理呢?修路是为了使更多的人方便,而打扑克就是为了打发在草原上的无聊的生活。

路修好后,许三多也出名了,被例行巡逻的直升机第一时间发现了,随之报告给师部,独自修路的许三多的事迹在团部、营部、连部开始传开。最后,许三多第一个离开了五班,走向了更广阔的天地。

许三多走出了草原五班,表面上是因为他修了一条路,其实更多的原因是由于他踏实、善良、正直的人品。没有谁愿意天天混日子,在草原五班,薛林和老魏经常会说:"混日子嘛!"而班长会回击他们一句:"小心日子把你们给混了。""好好活就是做有意义的事,有意义的事就是好好活。"这就是许三多生存的哲学:活着就该做些对别人有意义的事,活着就该对自己负责。

"上善若水,厚德载物。"做人的最高境界应该像水一样,以深厚的德泽育人利物。生活不可能一帆风顺,在为人处世中不免要遇到很多的问题,我们不妨以水的心态对待,用水洗涤我们的心灵,德行天下,从而使我们的人品更加完善。

东汉末年有一位特别有才的大名士,他的名字叫陈蕃,陈蕃是"三君"之一。所谓"三君",是指封建士大夫里面的等级,最高的是"三君",其次是"八俊",以下依次是"八顾"、"八及"、"八厨",由此可见三君是最高的等级,同时也是影响力最大的。陈蕃当时德高望重,人人都非常敬重他,他的一言一行都是当时士大夫效仿的楷模。

陈蕃刚出来做官的时候,野心十足、志向很高,他想把天下的事都治理好。他在担任豫章太守的时候，一到任就赶紧去拜访当地的名士徐孺子。徐孺子就是王勃在《滕王阁序》中所说的"徐孺下陈蕃之榻"的徐孺。陈蕃刚到任就前去徐孺子家拜访，他的主簿对他说："大家希望太守您先进官署。"而陈蕃回答说："当年周武王刚打下天下，就去商朝贤人商容旧居致敬，今天我也不先进官署，而先去礼敬贤人，这又有什么不可以的呢！"陈蕃的这次拜访是得民心的。

在以后的工作中，陈蕃也是克己奉公、修身养性，对老百姓很负责，很快成为一代父母官。一个外地官员有这样的举动，实在让人很佩服他的人品。

对别人施以恩德，也是对自己的人生负责。陈蕃的言行和举止让他的下属着实佩服，为他赢得了一个好的名声。其实，无论是为官还是做人，德行就是一个品牌，有了这个品牌，大家就会很信任你。我们中华民族是一个以德行天下的民族，善待他人是我们义不容辞的一种责任。

善待你的竞争对手能收获善果

对手是什么？对手是站在竞技场上与你争锋的那个人，因为他的存在，你才会有无尽的动力。一种动物如果没有对手，就会变得死气沉沉。同样，一个人如果没有对手，那么平庸、懒惰、碌碌无为这些词都会不自觉地赋予他身上。

俗话说：朋友多了路好走。当你和一个人成为敌人时，你是否想过，你不是和他一个人成为敌人，而是和许多人成为敌人，这时，十倍、百倍的恶意会接踵而至。而当你和一个人成为朋友时，你所获得的快乐和利益有可能是百倍、千倍的，人生百转总无奈，蝶舞飞不过沧海，有这样好的事情，何乐而不为呢？

1992 年 11 月 3 日，民主党总统候选人威廉·杰弗逊·克林顿在大选中击败现任总统、共和党总统候选人乔治·布什，从而当选为美国第 42 任、第 52 届总统。克林顿是第一位出生于"二战"后的候选人，他的当选使民主党人夺回了已失去 12 年之久的总统宝座。

在大选结果揭晓的前一天晚上，克林顿在竞职演说上，包括他的支持者们首先对于昨天还在互相猛烈攻击的主要政敌布什表示肯定，他还说道："感谢布什从一名战士到一位总统期间为美国作出的杰出贡献，我希望布什能和我的另外一名老搭档佩罗及其他的支持者与我团结合作，在我未来 4 年执政期间忠诚服务于国家，全面振兴美国大变革时期的经济。"

而远在异地的布什看到报道后感到很欣慰，并打电话祝贺克林顿成功地完成了"强有力的竞选"，他还调侃地告诫克林顿："白宫是个累人的地方。"并保证他本人和白宫各级人士将全力以赴地与克林顿的班子合作，顺利完成其交接的工作。

淡定的人才会走得更远，对于竞选的结果，克林顿和布什都心知肚明，但是在现实面前，两个人表现出来的风度都很让人钦佩。一位成功人士曾说过："为竞争对手叫好，并不代表自己就是弱者。为对手叫好，非但不会损伤自尊心，相反还会收获友谊与合作。"懂得欣赏对手不仅是一种美德，更是一种智慧、一种人品，在欣赏别人的同时，自己也会受益匪浅，从而不断提升和完善自我。

卡夫卡说："真正的对手会灌输给你大量的勇气。"由于你有了对手，才会有前进的动力，才会有无限的激情，是你的对手给了你勇气，是你的对手成就了你。如果你的对手比你的水平高，你应该暗自感到庆幸；而如果你的对手的水平不如你，你也不要去鄙视、嘲讽他，只有善待你的竞争对手，你才会得到善果。能够做到欣赏自己的对手是一种境界。

与"汽车大王"亨利·福特、"石油大王"洛克菲勒等大财阀的名字列在一起的美国经济界的三大巨头之一的"钢铁大王"安德鲁·卡耐基在一次盛大的宴会上碰到过这样一件事。

在那次宴会上，他生意场上的一名竞争对手也在场，但是这个人没有注意到卡耐基，这位商人大放厥词，说了很多关于卡耐基的坏话。

卡耐基其实就在旁边站着，这位商人觉得说得还不过瘾，于是又走向人群中开始高谈阔论起来，他滔滔不绝地数落着卡耐基，这时，宴会的主人发现了，他觉得非常尴尬，生怕卡耐基还击，如果是这样，宴会可能就会不欢而散。

但是卡耐基却非常镇静，他没有做出任何举动。等到那位商人快说完了，卡耐基才微笑地走上前去，这位商人一看见卡耐基走过来，脸立刻憋得通红，尴尬得不知所措，卡耐基走到他跟前与他亲切地握手，好像不知道他在说什么一样。

第二天一大早，那位商人就亲自到卡耐基家里道歉，卡耐基依然笑容可掬。从此以后，卡耐基和这位商人成为了好朋友，在生意上相互帮助。

卡耐基的举动确实很让人佩服，能够欣赏自己的对手确实要有一定的魄力。任何人在做事情时都有个人情绪掺杂在里面，如果你学会尊敬和欣赏对手，那么你也就学会了尊敬和欣赏自己，这种品质和能力会帮助你在事业成功的道路上走得更远。

远离恶习和不良风气

"近朱者赤，近墨者黑。"与优秀的人在一起，会潜移默化地受到影响，时间久了，你也能成为优秀的人，反之，与品德败坏的人在一起，你也会变得很没素质。坏习惯是会传染的，生活中，我们都会在不经意间接受来自环境的一些潜移默化的影响，从而不知不觉地改变了自己的品行。

欧阳修是北宋著名的文学家、政治家、唐宋八大家之一。欧阳修在颍州当长官的时候有一名手下,他的名字叫吕公著,有一次,欧阳修的好朋友范仲淹办事经过这里,便顺便拜访一下欧阳修,欧阳修就请吕公著和他一起招待客人。

趁着欧阳修离开的时候,范仲淹对吕公著说:"你能在欧阳修身边做事真是太好了,你应该多向他请教作文写诗的技巧。"吕公著若有所思地点了一下头,他知道范仲淹说得很有道理。之后,吕公著天天跟着欧阳修学习,不仅学到了很多为人处世的道理,而且很快便使自己的写作水平有了很大的进步。

好的习惯不是一天两天养成的,好的风气会促使一个人朝着一个正确的方向发展,而坏的风气则会毁了一个人。"君子坦荡荡,小人长戚戚",为人处世需要坦诚、正直,欧阳修的学识能够影响吕公著,使他有了很大的提高,这说明欧阳修本人有着良好的品行。

好的东西和习惯总会给人带来好的影响,很难想象一个小偷能把孩子教育成法官。"上梁不正下梁歪",有时候父母是孩子最好的老师。

有一对夫妻,为人处世很圆滑,尤其是妻子总是把自己的利益放在第一位,丈夫也不觉得有什么不对的地方,两个人可算是"臭味相投"的一对,夫妻俩一唱一和,日子过得还挺好。

一天,他们的儿子的老师打来电话,让他们去学校一趟。夫妻俩觉得有点儿异常:平时儿子挺懂事的,老师怎么会让他们去学校呢?是不是儿子惹祸了?

于是两个人急急忙忙赶到学校,看到儿子安然无恙,他们便松了一口气,他们心想:反正儿子没事,也没吃什么亏!

夫妻俩被老师叫到办公室,老师说:"王林和同学发生了争执,把别的同学的脸都给撕破了,你们可得好好管教管教,这样可不行啊!"

他们装作很坦诚的样子连忙点头,还说道:"真是对不起,我们没有好好管教孩子，给您添麻烦了，王林，快点给老师道歉，以后不准再打架了。"

谁也没想到，王林竟然义正词严地说："我没有错，错的是他。"

这时，身边的同学气愤地反驳道："你这个大骗子，昨天刚借我的笔，今天却说没借。"

王林依然很坚定地说："我没借过你的笔，谁能做证？是你自己弄丢的，还找别人的麻烦，你才是个大骗子呢！"

尽管王林说得很坚定，但是夫妻俩从儿子紧张的表情中可以看出儿子在撒谎，于是夫妻俩赶紧给老师表了态，保证以后好好管教孩子，拉着王林就走了。

等晚上回到家，王林向父母说了实话，并且反问了爸爸："爸爸，难道你们今天没有撒谎吗？你们平时不都是计划怎么撒谎瞒过人吗？怎么就没事呢？"

夫妻俩一时被儿子说得无话可说，互相看了看，对儿子说："小孩子懂什么，别乱说话，爸爸妈妈哪有骗过人？你听谁说的？"王林委屈地说："跟你们学的啊，我看你们平时骗人多开心啊！为什么你们能，我就不能呢？我不管，反正以后你们要教我怎样既能骗到好东西又不受人责怪。"

听到这话，夫妻俩吓坏了，心想儿子怎么变成这样了？照这么发展下去，那还了得，自己是不是该反思一下以身作则，把这些坏毛病改掉了。

这一对夫妻其实早知道自己做得不对，但是仍然在家里创造这样的气氛，久而久之就养成了一种风气，儿子理所当然地受到了影响。子不教，父之过，父母天天商讨怎么骗别人，儿子能学好吗？

也许会有人认为小小的恶习无伤大雅，不会对生活造成太大的影响，其实这种想法是大错特错的。"千里之堤，溃于蚁穴"，小恶习看起来没有多大的危害，其实里面蕴藏着无穷的祸患。可以说，故事中的父母并没有犯下什么不可饶恕的罪过，但是他们的恶习在家庭里形成了一种不良的风气，而这种不良的风气又被他们的下一代沾染上了，如此反复，最终必将酿成他们无法承受的恶果。

生活中,总有一些恶习在我们周围,它关乎我们的人品,关乎我们的形象。针对恶习和不良风气,我们如何去辨别和对待呢?

1.辨认恶习

我们每个人基本上都有自己的盲区,对于别人的意见,我们往往听不进去,我们自己也不知道,有时候身边的人和事都会影响到我们的判断。渐渐地,我们会失去自己的辨别力,慢慢地便形成了一种风气,长此以往,恶习也就侵扰了我们,这种风气会危害社会。其实,清楚地分辨恶习不是那么难的事,只要你头脑清醒,有自己的思想,客观地对待事物,恶习一定不会对你产生影响。

2.远离恶习

学会了辨别之后,接下来你就要远离恶习。远离带有恶习的人和事,才能断绝恶习与你的联系,才能保证你的人生是积极向上的。

3.根治恶习

任何事情都有解决的办法,如果想彻底根除恶习,就需要从自身做起。保证自己朝着正确的方向前进,永远不要迷失方向。把恶的引导成善的,把错的引导成对的,多考虑内因,让自己生活的环境有个良好的风气,让自己的人生更加美好。

不要揭他人的"伤疤"

俗话说："上善若水。"做人要有水的精神，这里所说的水的精神并不是随心所欲，尤其是在日常说话的时候一定要注意讲究分寸，避免恶语伤人。

俗话说："打人不打脸，揭人不揭短。"人和人之间相处最忌讳的是拿别人的短处来做文章，我们通常都会很鄙视这种行为，认为这是小人之举。其实，这种行为不仅反映了一个人的品行，而且也反映了对他人自尊的践踏。

语言是一种沟通的载体，说话是一门艺术，生活中的我们在不经意间说错了话，有可能会招致祸患。说话要注意分寸，为人要厚道、坦诚，说出去的话等于泼出去的水，谁也无法挽回，恶语伤人是一种道德败坏的表现，特别是揭人伤疤、说人短处。

在我国古代有这样一个故事。

与朱元璋小时候一块长大的挚友千里迢迢从老家赶到南京，费了好大周折，总算进了皇宫。刚进大殿，这位老兄便冲着文武百官大叫大嚷起来："哎呀，我说朱老四，你现在当了皇帝可真威风呀！不知道还记得兄弟我吗！想当年咱俩可是光着屁股一块儿长大的，你总是爱惹事，干了坏事就往我身上推。还记得吗？有一次咱俩一块儿偷豆子吃，背着大人用破瓦罐煮，你真够馋的，豆还没煮熟你就先抢起来，结果把瓦罐都打烂了，豆子撒了一地。我让你慢点儿吃，你非得吃得那么急，结果，豆子卡在嗓子里，后来还是我帮你弄出来的。怎么，你不记得啦！"

这位兄弟也不知道怎么了，说起来没完没了。宝座上的朱元璋再也坐不住了，心想：这个人太不识相了，竟然当着文武百官的面揭我的短处，让我这个当天子的脸往哪儿搁？震怒之下，朱元璋下令把这个穷哥们儿杀了，这就是揭人之短的下场。

每个人都有自己的长处，也有自己的短处，朱元璋作为皇帝，当然不愿意别人这样来提起他以前的穷酸日子，他觉得有失天子的尊严，而这位兄弟的举动无非是为了想套近乎，让朱元璋给他点儿好处。拿别人的短处来换取自己的利益，当然不会有好下场。现实生活中，为人处世，一个很主要的因素就是擅长发现对方身上的长处，夸奖别人、赞扬别人，多说说别人的优点，而不是捉住别人的隐私、痛处与毛病大做文章。切记：揭人之短会伤人自尊。

"揭短"是不尊重别人的一种表现，是一个人道德修养低下的体现，有时可能是故意的，由于相互仇视对方，所以要用语言进行攻击。"揭短"，有时是无意的，可能由于某种起因而一不小心犯了对方的忌讳。然而，无论是有心也好，无意也罢，与人相处时，揭人之短都会伤害到对方的自尊。

"祸从口出"，做人要口下留情，不要说过头的话，不要胡说乱说，刻薄、尖酸、挖苦或讽刺的话最好不要说，因为伤害感情的话会给别人的心灵留下创伤。把握分寸、深知礼仪、尊重别人，才能与他人和睦相处，营造良好的人缘。

有位养鸡场的主人向来对传教士的印象很不好，因为他觉得多数传教士都是一个样，说一套，做一套，道貌岸然。尤其是有些人，表面上满口仁义道德，私底下却干些见不得人的勾当，这当然是主人对传教士的偏见。为了体现自己"替天行道"的正义感，养鸡场的主人有事没事总爱信口散布传教士的坏话。

有一天，两个传教士走进主人的养鸡场，说要买只鸡。有生意做，总不能往外推吧，所以主人就让他们在偌大的养鸡场里随便挑，没想到他们却挑了一只丑得不能再丑的公鸡——这只公鸡的毛掉得几乎秃了，并且还跛了一只脚。

主人有点儿纳闷，他们这是来买鸡吗？于是就问他们为什么要买这只丑陋难看的公鸡，其中一位传教士回答："我们想把这只鸡买回去养在修道院里，如果路过的人看见要问起，我们就说这是你的养鸡场养出来的鸡。"

主人一听急了，连忙摇头："不行，不行！你们看看我这养鸡场里面的鸡，哪一只不是养得漂漂亮亮、肥肥壮壮的，就这一只不知道怎么搞的，一天到晚爱打架，才会变成这种丑模样，你们拿它对外当代表，别人会误会我的鸡都这样，对我实在太不公平了！"

另外一位传教士笑嘻嘻地回答："对呀！少数几个传教士的行为不检点，你却有那么大的偏见，天天散布我们的谣言，这对我们来说也同样太不公平了！"

主人听了惭愧万分，觉得自己好尴尬。

每个人都有自己的缺点，都有自己的忌讳之处，如果把别人的短处在大庭广众之下说出来，无疑是打了人家一个大耳光，就太不给人留情面、留余地了，而揭人之短的人除了招致对方的怨恨、报复外将一无所得。

做人要有一颗宽容之心，处世要多站在别人的立场上考虑一下。试图拿别人的缺点来打击别人是一种不道德的行为，打人不打脸，揭人不揭短，请善待你身边的每一个人。

职场篇

人品是成就事业的基石
德行高于才华，人品胜过能力

　　能力合格的人不一定是人才，而人品不合格的人一定是"危险品"。一个人人品不好，即使有天大的才能，也不可能为公司创造福利，甚至会威胁公司的发展；而一个品德高尚的员工，即使他没有过人的才华，也定能撑起一片天地。

第 8 章

自律自制

——连自己都管不了的人难当大任

歌德曾说过："一个人切不可放任自己，他必须克制自己，光有赤裸裸的本能是不行的。"人生在世，连自己都管不住的人必定不会在事业上有所成就。

不要把坏情绪带到工作中

无论男人、女人、企业的总裁还是普通职员抑或是办公室白领，都难免逃脱情绪的包围。喜、怒、哀、乐是我们生活的基本情绪元素，也构成了丰富的情感元素及旺盛的生命力。或许可以这么说，我们都是情绪的"奴隶"。

情绪不仅仅是人外在的一种肢体语言，而且是人生理状况的一种表现，情绪对健康有一定的影响。美国生理学家艾尔玛为了研究情绪对健康的影响，曾做过一个简单的实验：他将一支支玻璃管插在摄氏零度、冰和水混合的容器里，借以收集人们在不同情绪时呼出来的"汽水"。研究结果发现，心平气和时呼出的气凝成的水澄清透明，无色、无杂质，而人在生气时则会出现紫色的沉淀物。研究者将这"带有紫色沉淀的水"注射到白老鼠身上，几分钟后，白老鼠居然死了。

这个小小的实验无疑告诉我们：情绪对一个人的影响是如此之大，有可能还会危及人的性命。在职场中，成功的秘诀在很大程度上取决于我们自身情绪的控制和严格的自律。如果一个人不能驾驭自己的情绪，不能做情绪的主人，总带着坏情绪去上班，那么他在工作中一定会遇到很多问题，以致无法静下心来工作。

陈硕是一家商店的售货员，每天都乘地铁上班。这天早晨，地铁内很挤，刚刚出了地铁后，她着急地想看一下时间，但是翻遍包里所有的东西也找不到手机，这时，她突然想起在地铁口有个人挤了她一下，手机肯定是被那个人偷了。这可是她新买的手机，陈硕气得直跺脚，发誓挖地3尺也要找到那个小偷。

结果，人海茫茫，哪里还找得到那个人。这下还耽误了上班，迟到了几分钟，没想到被小组长看见了，又挨了一顿骂，陈硕的心里更是恼火。这时有位顾客来到她的专柜，想看看帽子，但陈硕装作没听见，置之不理。顾客以为对方没听见，又上前一步把刚才的话大声重复了一遍。陈硕不耐烦地看了她一眼，没好气地大声嚷道："喊什么喊！不就是看帽子吗？"同事见此状况都在旁边窃窃私语，不知道出了什么事。顾客听后非常生气，直接反映到商店老板那里。结果，陈硕不仅受到老板的严厉批评，还被扣了工资，差点儿连工作都丢了。

一个人带着情绪去上班，把情绪当做工作的晴雨表，只要遇到不顺心的事情就挂在嘴边，最后肯定会陷入"沮丧——出错——倒霉"的恶性循环中。现代社会是一个信息爆炸的社会，面对职场中的竞争压力，没有人愿意接受别人的埋怨和牢骚。像上述事例中的陈硕那样把所有的怨气都撒在工作中，带着坏情绪去工作，结果被组长批评、被同事冷落，导致自己身心疲惫，还差点儿连工作都丢了，真是得不偿失。

人品，
看不见的竞争力

　　职场中，使人们充满压力的情况无处不在，预算削减、裁员以及部门变更等都会带来压力。如何在这种情形下管理好自己的情绪显得至关重要。如果你把积极的情绪带到公司，那么你的快乐大家都能分享；反之，如果你把消极的情绪带到工作中，就会在工作中不能平静下来安心地工作，处理事情的时候难免会有误差，与此同时，同事也会疏远你，还有可能引起误解和激化矛盾。"己所不欲，勿施于人。"孔子在几千年前就已经教育他的弟子不要把自己不想要的东西强加给别人，这句话同样也适用于今天的我们。在职场中，你的坏情绪有可能会影响到别人，换位思考一下，假如别人对你冷嘲热讽，把你当做"出气筒"，你愿意吗？你不愿意承受的东西为什么要让别人来承受呢？所谓"言寡尤，行寡悔"，做事情前一定先想到后果。

　　在古印度曾有过这样的故事，有一个小男孩脾气非常不好，一天到晚在家里发脾气，摔摔打打，特别任性。有一天，他爸爸就把他拉到了自家后院的篱笆旁边，说："儿子，现在你要遵守一个约定，你以后每跟家人发一次脾气，就往篱笆上钉一颗钉子。等过一段时间之后，你看看你发了多少脾气，好不好？"这孩子想：那有什么？看看就看看。后来，他遵守约定，每嚷嚷一通，就往篱笆上钉一颗钉子，一天下来，他定睛一看：哎呀，篱笆上有一堆钉子！他自己也觉得有点儿不好意思了。

　　他爸爸说："你看到这些钉子了吧，我觉得你该克制一下了，如果你能够做到有一整天都不发脾气的话，上面的钉子不就少一颗了吗？"这个孩子一想：发一次脾气就钉一颗钉子，整整一天不发脾气才能拔一颗，多难啊！可是为了让钉子减少，他也只能不断地克制自己。

　　刚开始的时候，男孩觉得这是一件太难的事，但是等到他把篱笆上所有的钉子都拔光的时候，他忽然发觉自己好像已经学会了克制。他非常欣喜地找到爸爸说："爸爸，您快去看看，篱笆上的钉子都拔光了，我现在不发脾气了。"

118

爸爸把孩子带到篱笆旁边，意味深长地说："孩子你看，篱笆上的钉子都已经拔光了，但是那些洞永远留在了那里。其实，当你每一次向亲人、朋友发脾气的时候，就是往他们的心上打了一个洞。钉子拔了，你可以道歉，但是那个洞却永远是存在的啊。"

孩子总是在一次次跌倒中学会了走路，人总是在风雨中学会了成长。在每一次疼痛的背后，我们学会的是如何经营自己的道理。在职场中也一样，做一件事之前，一定要想一想后果，就像钉子钉下去，哪怕以后再拔掉，篱笆上的洞也不会复原了。

在现实生活中，我们每个人都会受到情绪的影响。当遇到不开心的事情时，我们会情绪低落，有时还会发脾气；当遇到开心的事时，我们的情绪又会无比高涨。但是，在职场中，我们必须控制自己的情绪，因为情绪是可以传染的，我们的坏情绪很可能影响到其他人。没有人喜欢和每天皱着眉头的员工和同事打交道。

针对现实生活中出现的种种不开心的事情，我们如何做到控制自己的情绪，不把坏情绪带到工作中呢?我们不妨试一下下面的几种方法。

1.学会隐藏情绪

如果你在工作中遇到不良情绪时，这个时候，你可以像一个将军一样，命令自己脸上挂着微笑，因为笑脸可以将你的情绪隐藏起来，或者上洗手间或其他地方，待冷静下来之后再去处理问题。假如你没有这样的境界，或者是走不开，那就强迫自己坐下来喝一杯水，这样做也能起到控制情绪的作用。

2.学会调整情绪

怀着一颗积极的心态去面对现实，不要逃避问题。多数情况下，我们出现情绪化的情况，是因为觉得自己受了委屈或是被伤害，认为错在别人，所以想要把心中的怒火发泄出来。我们能够换一下角度，从比较有益的方面去想问题。比如，碰上对方是性格暴躁、不明事理的人，不妨这么想，对方这么蛮横，陷入自己制造的不愉快的氛围，这是多么的不幸啊！难道我想像他那样做些无聊的事情吗？如此想来，你就不会闹情绪了。

3.学会发泄情绪

过分压抑郁积的心态只会使情绪困扰加重，长期地压抑会导致人精神崩溃，而适度宣泄不良的情绪会让人身心健康。当心情不好、烦闷时，最简单的办法就是"宣泄"；你可以选择和知心朋友谈心，你也可以找个没人的地方或者空旷的原野大声叫骂，或是尽情地向至亲好友倾诉自己认为的不平和委屈等。一旦发泄完毕，你会发现心情也随之平静下来，也能安心地工作了。

生活永远是在现场直播，职场同样不会给予我们排练的机会。在一个浮躁、善变、功利的社会中，我们需要做一个冷静者、坚持者、挑战者。掌握好自己的情绪会对自己的工作起到事半功倍的效果，一个懂得如何管理自己情绪的人在工作中也能如鱼得水。"人有悲欢离合，月有阴晴圆缺"，无论你在工作中遇到什么不如意事，都要记住，不要把情绪带到工作中去，要懂得自律和自制。

自律让你更出色

能克服自己的愤怒，便能克服最强的敌人。在职场中，当你遇到不顺心的事情，你会发脾气吗？你知道什么时候该露出愤怒的表情、什么时候该隐藏愤怒的表情吗？这就需要你有很好的自制力、需要自律。假如你因为公交车晚点而迟到了，老板不问原因便对你大发雷霆，还说要扣你工资，你有一肚子怨气，这时你定会想破口大骂老板，但是你又不能，为此你郁闷了一整天。

有人对各监狱的成年犯人作过一项调查，发现一个惊人的事实：这些犯人之所以沦落到监狱里，有90%的人是因为他们缺乏必要的自制。他们无法控制自己的情绪，以致把愤怒的情绪发泄给对方，最后走上犯罪之路，单就这一点，我们可以想象一下，如果一个人没有自制力，那该是多么可怕的一件事。

成功学创始人拿破仑·希尔曾说过："自制是人类最难得的美德。成功的最大敌人是缺乏对自己情绪的控制。"

一天，拿破仑·希尔一个人在办公室工作，不知道具体情况的办公大楼的管理员很是不满，于是，他瞅准时机要给拿破仑·希尔点儿颜色看看。没想到他真的这么做了，就在拿破仑·希尔到办公室准备一篇预备在第二天晚上发表的演讲稿时，大楼的电灯全部熄灭了。

拿破仑·希尔急坏了，他知道，这肯定是办公大楼的管理员搞的鬼。他飞奔到大楼地下室，认定那位管理员一定在那儿。而令拿破仑·希尔没有想到的是，当他火速赶到时，却发现管理员正在忙着把煤炭一铲一铲地送进锅炉里，好像什么事也没发生似的，还一边吹着口哨，一边忙碌着。

这位管理员的行为立刻激怒了拿破仑·希尔，他再也忍不住心中的怒火，于是开始破口大骂，一直骂到没力气了才停下来，脑袋里真的再没别的词语可以骂出来了。终于，拿破仑·希尔意识到自己有点儿疯了。

这时候，管理员才慢慢直起身体，转过头看了拿破仑·希尔一下，脸上露出开朗的微笑，并以一种充满镇静与自制的柔和声调说道："你今天有点儿激动，不是吗？"

拿破仑·希尔怔住了，他不知道如何解释目前这种尴尬的状况。站在他面前的可是一位文盲，而自己却在这场"战斗"中被打败了，他感受到前所未有的耻辱感。他明白，自己必须向管理员道歉，内心才能平静。最后，他费了很长时间去自我调整，下定决心向管理员道歉。

拿破仑·希尔说："我为我的行为道歉，如果你愿意接受的话。"

管理员的脸上仍然洋溢着灿烂的微笑，他说："凭着上帝的爱心，你用不着向我道歉。除了这4堵墙壁以及你和我之外，并没有人听见你刚才说的话，我不会把它传出去的，我也知道你也不会说出去的。因此，我们不如就把此事忘了吧！"

拿破仑·希尔向他走过去，抓住他的手，使劲地握了握。其实，拿破仑·希尔知道自己不仅仅是在用手，而是在用心和他握手、在和他沟通。在回办公室的路上，拿破仑·希尔感到心情十分愉快，因为他终于鼓起勇气纠正了自己做错了的事。之后，拿破仑·希尔下定决心提高自控能力，绝不再因失去自制而做出令人后悔的事情，并为此构思了一句名言："上帝要毁灭一个人，必先使他疯狂。"

疯狂的代价是可怕的，尤其是在今天这样一个竞争极其惨烈的职场上，你可能也经历过像拿破仑·希尔发怒的事情，当然，原因可能是各种各样的。比如，你想当好人，替同事受过，结果被上司骂了一顿，上司暗地里给你穿小鞋，又或者是自己设计的文案被同事剽窃了；有时你总觉得自己该升职了，可结果却是别人升了职，等等。这时，你像一头愤怒的狮子一样控制不了自己愤怒的情绪，你要把所有的不满都发泄出来，似乎情有可原。但你想到这样做的后果吗？后果是你定会心情烦闷、精神恍惚，无法集中精力工作，这样你的领导和同事也会对你另眼相看，自己也会陷入尴尬的境地，你也就成为了孤家寡人，甚至老板会将你视为公司的不稳定因素、炒你的鱿鱼，等等，这对于你的事业会有很大影响。

一个有自制力的人往往能够走向成功之路，但是职场中总会出现让人发怒的事情，有时是他人无意的伤害，有时是我们多虑，在关键时刻，我们该如何应对呢？

首先，我们应该等待怒气消解。经过研究表明，一般情况下，愤怒持续的时间不会超过12秒，犹如闪电般，来得快，去得也快。愤怒容易引起人走向极端，有时候爆发起来，后果不堪设想。愤怒的期限是 12 秒，那么如何度过这 12 秒呢?你不妨可以用最传统的方法深呼吸或者是在心中默念 10 个数，慢慢地，当你做完的时候，也许你会发现你的怒气已经消除了。

其次，掌控自己的情绪。情绪发生在自己身上，所以解铃还须系铃人，掌握好自己的情绪关键还是看自己。合适的时候表达自己的情绪，会有助于你感觉一切尽在自己的掌控之中。"我对你的行为实在是感到很失望。"这句话比你暴怒时口不择言的更有力量。比如，如果你是老板，你可以微笑着对你的员工说:"这是你最后的机会，下不为例。"如果你是普通的职员，你可以虚心地对老板说:"您别生气，下次我会注意。"切记:在任何时候都不要在冲动的时候作决定。

最后，学会忍耐。"我很好，一切都很好，没事。"即使你的内心充满了愤怒的火焰，但你仍然要展现给别人一张笑脸，这是对真实情绪进行不露痕迹的掩藏。忍一时风平浪静，退一步海阔天空，和谐相处是最明智的选择。

把愤怒的表情收起来，做一个自我情绪的控制者，这是职场中应该具备的最基本的准则，也是与人相处中自我人品的展现。俄国文学代表作家陀思妥耶夫斯基曾说过:如若你想征服全世界，你就得征服自己。学会管理自己，做到严于律己，你才会更出色。

坚持原则，有原则的人有好人品

孟子说:"富贵不能淫，贫贱不能移，威武不能屈，此之谓大丈夫也。"生活中，一个人能否在关键的时候坚持原则，常常是判断其道德水准的重要依据。在职场中，只有那些肯于坚持原则的人才能赢得他人的信任和支持，最后才能获得成功。

人品，
看不见的竞争力

小徐是一家公司的办公室助理，工作不久之后的她最近很郁闷，感觉自己在工作上还能应付得过去，但是人际关系却让她十分头疼，尤其是"某些人"利用工作之便谋求个人私利时，正好与她的工作原则发生冲突，而她又不知道如何是好？这让她很为难。

其实，在每个单位的员工中可能都会遇见像小徐这样的疑惑，每个部门都有自己的工作原则。现在企业中的大多数员工都是年轻人，习惯了自我的行事风格，如何做到自律而又不失自己的原则成为困扰他们的一大难题。坚持原则就会得罪人，不得罪人就违反了工作原则。

职场中最忌讳的是无组织、无纪律，谁都想当总经理，可是领导者只能有一个，多了就乱了。作为公司的带头人物也不是那么好当的，现在社会是一个文明开放的社会，每个人都在追求自己平等的权利，作为一个团队来说，必须要有纪律的约束，有了严格的纪律来约束和管理，公司才能走向正规化，当然，在遵守这个纪律时，任何人都是平等的。

如果你是一个管理者，自律对你来说更为重要。因为你坚持了原则，你才能够服众。"一就是一，二就是二"，你必须有这样的魄力，才能领导好一个团队。有了铁的纪律，才会有铁一般的军队。我们来看一下美国前总统乔治·布什是怎么坚守原则的。

"只有总统才能在南草坪上着陆。"

1981年的一天，美国副总统布什在一次飞往外地的例行公务旅行的飞机"空军2号"上突然接到一个电话，这个电话是美国国务卿黑格尔从华盛顿打来的。电话里说："出事了，请你赶快回华盛顿。"布什还没回过神，一封密信便递上来了，密信中告知总统里根已中弹，现在正在华盛顿大学医院的手术室里接受紧急抢救，于是布什命令驾驶员赶快飞往华盛顿。

飞机很快飞到了华盛顿，在着陆前的45分钟，布什的空军副官约翰·马西尼中校来到前舱为结束整个行程做准备。马西尼看着飞机缓缓下滑，突然想到了一个主意，他说："现在如果还像以前一样在安德鲁斯降落后，再换乘海军陆战队一架直升机，然后在副总统住所附近的停机坪着陆，再驾车驶往白宫要浪费许多宝贵时间，不如直接飞往白宫。"

布什思索了一会儿，决定还是按照原计划进行。马西尼见此情况，按捺不住心里的疑惑，又向布什解释说："当我们到达时，正值街道拥挤的时候，正处于交通高峰期，再说开车去白宫还有15分钟的路程呢。"

"可能是吧，但是我们必须这样做。"

马西尼点点头："好的，先生。"说着走向舱门。

看到马西尼一脸疑惑不解的样子，布什解释道："约翰中校，只有总统才能在南草坪上着陆。"布什坚持着这条原则：美国只能有一个总统，副总统不是总统。

布什认为，总统与副总统之间建立在相互信任基础上的相互尊重是成就一个成功的副总统的最重要的条件。一就是一，二就是二，空军1号就是空军1号，空军2号就是空军2号。

作为副总统的布什坚持自己的原则，最终登上了总统的位置，他成功了。"没有规矩，不成方圆。"没有红绿灯，交通就乱了秩序，车辆也无法正常行驶。"规矩"是生活的原则，更是职场中的原则，讲求原则是做人做事的一大要素，保持自己的原则，你才会少犯错误，才能保住自己的本色。

中国有句老话说："小时偷针，大时偷金。"说的就是这个道理。对于任何原则问题的忽视和放纵，只会让你偏离人生的正道，滑向无底的深渊。相反，一个坚持原则的人一定是一个坚定的人，因为他们能充满力量去坚守心中不容侵犯的准则和"天职"。在职场中我们应该做到以下几点：

第一，坚持原则，合理调节利害关系。有些人，刚开始的时候很讲究原则，但是到了关键时候，一遇到关系自己的利益就忘了自己的原则。俗话说：人不为己，天诛地灭。做人要真诚，取之要有道，这种因利害而放弃原则的人往往无义、无信，时间久了，同事自然不会愿意和他一起工作。

第二，**坚持原则，平衡得失利益关系。**有得必有失，只有懂得放弃才会拥有，面对成功与失败都要有一个良好的心态。我们都说人不能以成败来论英雄，也不是以得失来论人格。因此无论得失都一定要坚持原则，这样的人才能受人尊重。

第三，**坚持原则，处理好个人私情。**作为职场中的一员，不能因为对方是你的至亲好友而放弃原则，换句话说，这就叫以权谋私。如果对方是你的朋友，一切都很好说话，都很容易过关。假如对方和某人的关系疏远，没有交情，某人就对对方百般刁难，不和对方合作。这种人私心太重，不容易有成就，一个真正成功的人是不因亲疏而改变原则的。

第四，**坚持原则，坚守自我。**有很多人身在其位时，这个也讲原则，那个也讲原则；而一旦卸任，身份改变了，他便放弃原则。其实，不在其位，不谋其政，这是大家都知道的道理，但是做人的道理是不变的，所以不应以有无而改变做人的原则，这才是做人应该坚持的最大原则。

原则代表一个人的信用；原则代表一个人的人格；原则代表一个人的道德。若想在工作中取得突出的成绩，必须要学会自律、学会坚持自己的原则、学会经受得住现实的种种诱惑。做人做事要坚持原则，这不仅仅是你的性格特点，也是你展示自己人品的一张王牌，有了这张王牌，在你通往成功的路上会有无限的奇迹出现。

做好分内工作，只拿属于自己的

今天，你的工作完成了吗？下班的那一刻，你的心里是否有满足感呢？

如果今天你做好了眼前的事情和分内的事情，相信下班的时候，你也一定有一个舒畅的好心情。

有的职场人总是感觉不到工作的快乐，上班无精打采，下班也没什么精力。也许微薄的收入像枷锁一样困扰着他们，让他们急切地希望减轻自己身上沉重的负担。但是，这样无用的抱怨有用吗？连自己分内的事都做不好，有什么理由去要求得到更多呢？

作为一个职场人来说，经常埋怨别人，不去从自身找原因是一件很可怕的事情。其实，归根结底，他的埋怨大多数是多管闲事所导致的。很多时候，自己管不住自己，总想着沾点儿小便宜，看这样做对自己有没有好处，结果得不偿失，最后还让人讨厌。

现代社会是一个物质的社会，很多人为了一己私利而忘记了做人的原则，还有一些人连手头工作都做不好就抱怨老板不给机会。其实，做好自己分内的事比什么都重要，当你真的做到了，一切也都有了。

在冯小刚的电影《手机》中，严守一这个人物是属于比较圆滑、会拍马屁、懂得社会礼仪较多的那类人，而费墨则纯属一个典型的知识分子。他身上有文人的清高和自负，还有对金钱难以启齿的文人秉性。在工作中，费墨坚持自己的原则，为了不让节目做得庸俗、低俗、恶俗，他想尽办法提高节目的品位，虽然这和公司高层的想法相违背，但他仍然一直坚持自己最初的工作想法，坚持自己的做事原则。

最后，虽然由于严守一的问题，他做了让步，但我们可以看出他不为金钱、不为利诱、只拿属于自己那部分报酬的态度。他并不善于拉关系、不善于推销自己，只是做好本职工作，坚守自己的工作原则。这样的人，老板能不赏识他吗？

在电视剧《宫心计》中，阮翠云这个人物给人以很深刻的印象。她心地善良、有情有义、为人公道、敢于承担、能忍耐，还有一双巧手，作为司珍房的领袖，很得手下人的尊重和爱戴。

在整个尚宫局，阮翠云算是一个最深明大义的司珍了，在背后，她从来没有搞过小动作，虽然自己的司珍房是四房里面业绩最好的，但是对于尚宫的位子，她并没有刻意地去强求和争夺，只是通过自己的努力默默地做好自己的事，不贪图财物和地位。她对待下属亲切公平，并尽力地帮助每个下属提高技艺。最终，她与自己钟爱的人一起回乡，并在商州寻找到自己失散的儿子，也算是落了个很好的结局。

阮翠云最后的结果和她本分的工作态度有很大关系。她干好分内的事，从来不拿不属于自己的东西。当然，也正是由于她的本分守纪和没有贪念，让她得到了太后的庇护，并有了出宫的机会。相对于那些争风吃醋的女人来说，阮翠云得到了更多的东西。

职场中，不能让无端的猜忌迷惑心神，更不能让不正确的欲望无限扩大。把本职工作做得精彩，才能站稳脚跟、得到重用。古代皇宫里的后宫之斗绝不亚于今天社会职场上的斗争，同时也暗示了中国传统文化中最朴素的做人道理，那就是做好自己分内的事，只拿属于自己的，要严于自律，不要去索取别人的东西，到头来"耕了别人的地，荒了自己的田"，也许只能落得个身败名裂的下场。

严格自律，珍惜自己的名誉

一位哲学家曾说："世界上唯有两样东西能让我们的内心受到深深的震撼：一是我们头顶上灿烂的星空，二是我们内心中崇高的道德法则。"如果我们不能够严于自律而自我放纵，那么就会像沉渣泛起的浊水那样，思想受到玷污，心境不再纯净，为功名利禄所困，进而动摇理想与信念，人生的方向开始迷失，最后走向危险的境地。因此，要想遵守崇高的道德法则，首先就要珍视自己的名誉。

我们常听说:"人争一张脸,树争一张皮。"这里的"脸"就是指人的名誉,也就是说:名誉相对于人来说就像树皮对树一样重要,是体现一个人价值的根本所在。在职场中,一个人的名誉相当于一个人的招牌,招牌没了,你就很难在职场中混下去了。

徐燕是公司的一名秘书,虽然没有什么才能,但是因为身材和长相都不错,最主要的是能替老板在外面应酬,所以得到老板的赏识。时间久了,老板慢慢对她开始产生了好感。

2010年11月,由于公司的一名部门主管突然辞职,急需一人来代替,这时,徐燕自告奋勇,老板随口答应了,而公司的其他员工都不服,论业绩,他们都比徐燕出色,所以都在背后议论纷纷。徐燕知道获取这个位置的代价——以身相许,其实,她明知道老板是有家室的人,但是为了自己的利益和前途,她愿意牺牲自己的名誉。

为了自己以后在公司能够混下去,徐燕唯一的办法就是讨好老板。于是,她不惜一切代价,为了保住位置,她甚至忘记了自己是谁,在背后说别人的坏话替老板挡酒,甚至去堕胎。没过多久,老板的妻子发现了,徐燕在单位当着所有同事的面被她指责谩骂,徐燕在公司待不下去了,只好辞职。

在职场中,想借着别人的肩膀往上爬,所付出的代价是惨痛的,徐燕是自己毁了自己。对自己的行为,徐燕应该自己负责。在职场中,尤其是对于女性而言,和老板套近乎、依靠自己的容貌去换取事业上的成功是不可靠的。其实,在这么一个竞争惨烈而又复杂的环境下,名誉代表的不仅仅是个人形象,更是你的个人名片。俗语说:"害人也害己。"现在,人们的法律意识在不断提高,侵害他人的名誉这种事还需你三思而后行。

如果一个人任由自己的恶念延伸,那么他的亲人朋友一定会渐渐疏远他。在利益、诱惑面前,我们都有可能成为它们的奴隶,但是在道德和尊严面前,我们应该成为自己的主人。无论什么时候都不要迷失自我,严于自律、珍惜自己的名节、爱护自己的名誉对于职场中的我们极为重要。

有时候，生活总会和我们开玩笑，现实中也总会有太多变卦的因素，似乎我们还没来得及准备就要走上工作岗位。面对职场中的尔虞我诈，我们一下子会变得不知所措，如果想为自己书写辉煌的篇章，如果想为自己赢得名誉，那么我们必须遵守自己的本真。在古代有这样一个故事。

鲁国宰相公仪休非常喜欢吃鱼。一天，公仪休和他的学生正在交谈，有人送来两条鲜活的大鲤鱼，公仪休婉言谢绝了，他的学生不解地问："老师，您不是很喜欢吃鱼吗？现在有人送鱼来，您为什么不接受呢？"

公仪休看了一下他的学生，说道："我非常爱吃鱼，但是正是因为非常爱，所以才不会接受他的礼物。你想，他为什么要送鱼给我？正所谓'礼下于人，必有所求。'他肯定有事要求我，知道我喜欢吃鱼，所以特地送给我。如果我喜欢书画，他肯定会费尽周折地送我书画。而我如果仅仅因为喜欢就收下，那么他明天也许会把玉制鱼盘送给我，后天呢？后天他又会送什么……如此下去，吃了人家的嘴软，拿了人家的手短，最后，你想摆脱都由不得你自己了，你就会成为金钱的奴隶。你收了别人的礼，就要按照人家的意思办事。长此以往，难免要违反国家的法律条文。一旦犯了法，成了罪人，被罢官，你想，今后谁还会给我送鱼呢？我还能再吃上鱼吗？所以即使我再喜欢，也坚决不能收呀！现在，我身为宰相，一个月拿的俸禄足够我买一年的鱼吃。想吃鱼就自己买，我不是一直都有鱼吃吗？"

学生听过之后直点头："是呀，送礼的人投您所好，就是为了达到自己的目的。如果因为是自己喜爱之物就收下，难免就会走上歧途，毁了自己的名节呀！老师，您做得对！"

面对官场上的利益与诱惑，公仪休毫不犹豫地选择了珍惜名誉、恪守情操。在现在职场中也是同样的道理，我们应该视名誉为自己的生命，时刻记住遵守道德规范；严于自律，保持着一颗平常、洁净之心，做一个职场中的智者。

自律就是自由

"自律就是自由。"对许多人来说，自律是一个令人讨厌的词，因为它意味着没有自由。殊不知，自律才是真正的自由。就像 StephenR.Covey 在《高效能人士的 7 个习惯》一书中所写的那样："不自律的人就是情绪、欲望和感情的奴隶。"

在职场中，每一位员工都是公司的一分子，遵守公司的各项规章以及本部门的各项制度，这是公司对每位员工的基本要求。如果你做不到自律，不能够遵守公司的规章制度，那么你就不能够行使公司所赋予你的权力，当然，你更不会自由地选择你喜欢做的工作。从长远来讲，不自律的人不但是缺乏自由的，而且也无法得到随之而来的独特的技能和能力。

所谓自律指的是，在某一时刻，是你的思考决定你的行动而非你的感情。所谓自由指的是：释放你的天性、做自己喜欢的事情。在对你的一生有很大影响的大事情面前，自律常常意味着牺牲乐趣和避免一时的冲动。

贝利从小就非常喜欢踢足球，并且表现出极高的天赋，他常常踢父亲给他特制的足球——用一个大号袜子塞满破布和旧报纸，然后尽量捏成球形，外面再用绳子捆紧。小时候的贝利经常光着黑瘦的脊梁，在家门前那条坑坑洼洼的小街光着脚练球。虽然练得满身是汗，有时候还摔得皮开肉绽，但他从来没有停止过，他心中想的就是要向球门冲刺。

渐渐地，贝利因为特别喜欢踢球而有了一些名气，街坊邻居见了他常常跟他打招呼，连不认识他的人还向他问好、向他递烟。和所有未成年人一样，贝利喜欢那种很酷的感觉，他喜欢吸烟时的那种"长大了"的感觉。

有一次，当贝利在街上向别人要烟抽的时候，他的父亲刚好从他身边经过，父亲的脸色很难看，贝利低下头，不敢看父亲的眼睛。因为，他看到父亲的眼睛里有一种忧伤、有一种绝望，还有一种恨铁不成钢的怒火。

父亲说："我看见你抽烟了。"

贝利不敢回答父亲，一言不发。

父亲又说："是我看错了吗？"

贝利盯着父亲的脚尖，小声说："不，您没有。"

父亲又问："你抽烟多久了？"

贝利小声为自己辩解："我只吸过几次，几天前才……"

父亲打断了他的话，说："告诉我味道好吗？我没抽过烟，不知道烟是什么味道。"贝利说："其实，我也说不清楚，不太好。"贝利一边说着，一边用手捂住自己的脸，生怕父亲一巴掌扇过来，因为他看到站在自己跟前的父亲猛地抬起了手。但是，那并不是贝利预料中的耳光，而是父亲把他搂在了怀中。

父亲说："你踢球有点儿天分，可能未来你会成为一名优秀的运动员，但如果你抽烟、喝酒，那就到此为止了，因为你不可能在抽烟、喝酒上有大出息，你自己看着办吧。"

父亲说着，打开他瘪瘪的钱包，里面只有几张皱巴巴的纸币。父亲说："你如果真想抽烟，还是自己买的好，总跟人家要，太丢人了，你买烟需要多少钱？"

贝利感到羞愧难当，眼泪在眼圈打转，可是当他抬起头时，发现父亲的脸上已是泪水纵横……

后来，贝利再也没有抽过烟。他凭着自己的勤学苦练，终于成了一代球王。

自律的代价总要比后悔的代价低，试想，如果贝利选择抽烟、喝酒，那么今天我们也许就看不到他在绿茵场上飒爽的英姿，当然，他也不会获得一代球王的美誉。德国诗人歌德说："谁若游戏人生，他就一事无成，不能主宰自己，永远是一个奴隶。"一个人要主宰自己，就必须对自己有所约束、有所克制。

在职场上，作为个人来说，遵守公司的规章制度是每一个员工应尽的义务，除此之外，自我的约束力的发挥也至关重要。每个人都在追求自己的一份尊严，每个人也都在追求自己的自由，那么，如何做到自律而获得自由呢？

1.有自知之明。自律意味着你的行为约束力，你的行为取决于你所作的决定，而不是取决于你当时的情感。因此，自知之明是自律的第一个特性。你决定做出什么样的行为最好地反映了你的目标和价值。这个过程需要自省和自我分析，比如你想推销一种产品，那么你需要写一份详细的策划文案，并且明晰这种产品的详细情况。

2.清醒的认识。对待你正在做的事情和将要做的事情，你应该有一个清醒的认识。试想一下，如果连你自己都不知道你的行为是不是对的，你如何能够让自己自由地选择其他的呢？比如你不想把某份文件交给别人，但是出于私情，你又不好意思不给他，这时，你需要清醒地认识到工作和私人感情的关系。

3.承诺自律。单是写出你的目标和价值是远远不够的，你必须对它们做出一个内心的承诺。否则，当你的闹钟在早上5点响起的时候，你会毫无愧疚地按下闹钟的打盹键来"再睡5分钟……"或者，当你最初的工作热情从一个项目中褪去的时候，你会跟自己斗争是否要看到项目完成。

4.内心的训练。自己和自己内心说话的练习是把双刃剑，但是如果你控制得好，它也可以变得极为有用。当你发现你的自律受到挑战的时候，建议自己问自己、鼓励自己并让自己放心。这种方法很有效，当你和自己说话时，你可以提醒你的目标、唤起你的勇气、强化你的承诺并使你对手中的任务保持清醒的头脑。

不能主宰自己的人永远只是一个奴隶，职场中，如果做不到自律，便不会得到自由，更不会去领导别人。只有懂得自律、认清自己、才能去了解别人。

勇于担当

——必须有人牺牲或奉献的时候，自己走在前面

职场上有一句话很流行，叫做"责任心有多大，你的舞台就有多大"。
在职场中，责任与机会是如影随形的，要想获得成功的机会，你就必须走
在别人的前面，担当起别人无法担当或者不敢担当的责任。

责任能赋予人使命感

每个人所从事的工作都不尽相同，因此能力和职责也都不同，但不管你
从事什么工作、有多大的权利，只要你在这个岗位上，就有责任把自己的工
作完成。责任赋予了你使命感，就是要你把工作完成，并且完成得最好。一颗
道钉足以倾覆一列火车，一支火柴足以毁掉一片森林，一张处方足以决定一
个人的生命。一个人如果缺少了责任心，就会犯很多低级错误，甚至导致一
些本不该发生的重大安全事故。

2004年2月15日，某商厦发生了特大火灾，造成50多人死亡，70多人
受伤。事后，查明原因发现，导致这场特大火灾的直接和间接原因有3个：一
是该商厦的一位雇员下班后跑到仓库禁烟区所引发的；二是在此之前，该商
厦的消防安全措施一直没有健全，从而导致火灾发生后不能及时地处理；三

是火灾发生当天，值班人员又擅自离岗，致使未能及时地把民众疏散，最终酿成了悲剧。

而这3个方面都与员工的责任心有着密切的关系。火灾发生后，那位吸烟引起火灾的雇员忏悔："我不应该跑到仓库禁烟区去吸烟，更不应该把没有踩灭的烟头丢在仓库里，造成了这样的后果，我深感后悔。如果世界上有后悔药，就是用我的命去换，也值得。"

第二个方面的原因：没有火灾防患。当时许多人这么认为："着什么急，不就是起个火吗？不见得是什么大事。"如果往另一方面想：万一出了大事该怎么办？想想出事的后果，想必就会立即整顿。

第三个方面的原因：值班人员擅自离岗。显然他认为："不可能离开一会儿就出事吧！"结果，离开一会儿就真的出事了。

由此可见，员工的责任心就是企业的防火墙。其实，许多知名企业的衰败都是与员工责任心的缺失有关。责任心是衡量一个人成熟与否的重要标准；责任心是一种习惯性行为，也是一种很重要的素质和品德。

有一位伟人曾说："人生所有的履历都必须排在勇于负责的精神之后。"责任心能够让一个人具有最佳的精神状态，精力旺盛地投入工作，并将自己的潜能发挥到极致。辩证地看，一个对别人负责的人才是对自己真正负责的人。在责任心的内在力量驱使下，人们常常会油然而生一种崇高的使命感和归属感。当我们把工作当成一项伟大的事业，用整个生命去实践的时候，我们的人生往往更容易激发出绚丽的色彩。

责任心是一个人应有的品格，是一个人的良知。而在现实生活中，有些人只想着报酬，很少有责任意识，更不愿意承担责任。在这些人看来，只有那些有权力的人才有责任，而自己只是一名普普通通的人，没什么责任可言。有这样想法的人，他们忽视了自己的利益其实跟公司的利益是密切相关的。在公司里，你不能做到担当起岗位所要求的责任，那么你就会被公司淘汰。

相反，在任何时候，都将责任心根植于内心、让它成为脑海中一种强烈的意识的人迟早会因为他们的责任而得到升职或者加薪。

秦峰是一家大型滑雪娱乐公司的普通修理工，有一天晚上，他闲来无事，就在公司转悠，当他走到造雪机所在的地方的时候，看见一台造雪机喷出的全是水，而不是雪。

他知道这是造雪机的水量控制开关和水泵水压开关不协调所致，于是他急忙跑到电灯的开关处打开电灯，跑到水泵坑边，发现坑里的水快漫到动力电源的开关口了，若不赶快阻止水继续漫溢，将会发生动力电缆短路，这种情况将会给公司带来重大损失，甚至伤及人的性命。

他来不及多想，便跳入水泵坑中，摸索着控制住了水泵，防止了水的漫溢，然后顾不得换下湿淋淋的衣服，又找来工具把坑里的水排尽，重新启动造雪机开始造雪。

当同事赶来帮忙时，一切都已经处理妥当，他冻得浑身颤抖，连路都走不了。公司总裁闻讯后，立刻下令把秦峰送到医院诊疗，才没有使他落下什么身体上的伤残。事后，秦峰受到了公司的表扬和嘉奖。当部门经理辞职后，他被晋升为部门经理。

责任赋予了你使命，不要认为不在工作时间，这种使命就不存在。只要你在这个岗位上，责任与使命的担子就无时无刻不在你的肩上。敢于担当、敢于为使命付出，这样的员工才会得到老板的赏识。故事中的秦峰就是如此，最后他也因为对公司负责的精神，得到了升职加薪。

责任感是可贵的，它可以震撼我们的心灵，同时，责任感也是简单而又无价的。一个对工作高度负责的员工不管遇到多大的困难，都会勇敢地面对，并对自己说："这是我的责任，我应该这么做。"

责任心是取得事业成功的第一要素。想在职场上获得成功，那就从树立责任心做起吧。

有责任、有担当是获取成功的基础

在我们耳边经常会响起这样的声音："我工作10年了，可我依然还在起点，就是苦于没有机会。"难道这些人真的没有机会吗？当然不是。像这样总说自己没有机会、怀才不遇的人，他们之所以一直在起点处徘徊，完全是因为没有担当、没有责任。他们一遇到困难就逃避，却忘记了在职场中，逃避就等于"枪毙"。

在我们身边，很多人都曾经面临重大的责任，很多人都选择了逃避责任，结果自然没有把握到重大的机会。在如今的时代，主动承担更多责任已经成为职场中人必备的品质，而且责任与机会同行，你逃避了责任，就等于放弃了机会。

承担责任需要有宽阔的胸怀。在很多时候，承担责任还需要承担一些风险，有时甚至要蒙受委屈，承担责任需要有顾全大局的"弃我"精神做支撑。只要是为了整个团队的利益，勇敢地承担责任，解决了难题、化解了危机，你自然也就为自己创造出了晋升的机会。

乔治·史密斯在一家五金商店工作，每月的收入是8美元。他进商店工作的第一天，老板就对他说："如果你想成为一个对我们有用的人，就必须对这个生意认真负责、熟悉门路。"

"月薪才8美元的工作，还值得认真去做？"与史密斯一同进公司的年轻同事不屑地说。然而，这份简单得不能再简单的工作，史密斯却干得很起劲儿。

经过一个月的仔细观察，年轻的史密斯注意到，每次老板总要认真检查那些进口的外国商品的账单，而那些账单使用的都是法文和德文，于是，他开始学习法文和德文，并开始仔细研究那些账单。一天，他的老板在检查账单时突然觉得特别劳累和厌倦，看到这种情况后，史密斯主动要求帮助老板检查账单。老板见他做得很出色，就把检查账单的责任交给史密斯接管了。

两个月后的一天，他被叫到办公室，老板对他说："史密斯，我很欣赏你，所以打算让你来主管外贸。这是一个相当重要的职位，我们需要认真负责、能胜任的人来担任这项工作。目前，在我们公司的 29 个人当中，只有你看到了这个机会，而你凭借自己的努力，用实力抓住了它。我在这一行已经干了40 年，你是我亲眼见过的 3 位能从工作中发现机遇并紧紧抓住它的年轻人之一。其他两个人，现在都已经拥有了自己的公司。"

因此，史密斯的月薪很快就涨到了 300 美元。一年后，他的薪水达到了每周 500 美元，并经常被派驻法国、德国。他的老板评价说："史密斯很有可能在 30 岁之前成为我们公司的股东。他已经从平凡的外贸主管的工作中看到了这个机遇，并尽量使自己有能力抓住这个机遇，虽然做出了一些牺牲，但这是值得的。"而当初跟史密斯一起进来的那些人，依然还在干月薪只有8 美元的工作。

当责任来临，面对和逃避带给你的结局将会是天壤之别。如果能面对，你就担当了责任，就有可能得到领导的器重和委任的机会。如果逃避，你就推脱了责任，这样的人在任何公司都不会受到欢迎的。

"机会在哪里？"其实，机会就在你的身边，不过，要抓住它的前提是你必须要承担责任。很多时候，"责任就是机会"，或者说"责任等于机会"。

责任和机会的关系，分析起来有以下 3 种情形：

第一，责任与机会合二为一。比如，某公司陷入了财政危机，需要全体职员提出想法渡过难关，这个时候，谁能让公司从绝境中走出，谁就会得到重用。

第二，责任中隐藏着机会。比如，老板对一位员工说："你去开发西北市场。"表面看来，老板分派给员工一个任务，实际上是给了员工一个机会，因为如果开发西北市场成功了，这位员工可能会被提拔为西北市场的总经理。

第三，机会中隐藏着责任。比如，老板任命某员工为经理。从表面上看，这是一个机会，事实上，他同时又有责任，抓住做经理这个机会，同时也就意味着要承担起一个合格的经理应当承担的责任。

由此看来，责任和机会的关系归纳起来实际上就是一种关系："责任就是机会"，或者说"拥抱责任就是拥抱机会"。

一家公司有3个分厂，这3个分厂只有一分厂经营得比较好，不过，一分厂在规模上却比其他两个分厂小了很多。董事长很欣赏一分厂厂长石达的能力，决定调他到三分厂去担任厂长。

三分厂是公司规模最大、设备最先进，但管理却最混乱的一个分厂。之前，董事长派了几个厂长去那里都无功而返。因此，得到被调动的消息后，石达很矛盾：去吧，一旦搞砸了，想再回一分厂就不行了；不去吧，董事长可能不高兴。而且，由于一分厂经过多年管理，一切工作运作程序早就规范了，管理起来很轻松。

考虑了一天，石达最后答应调往三分厂，因为他意识到搞好三分厂这一重要责任的后面隐藏着巨大的机会：如果搞好了，就可以进一步证明自己的能力，就可以从所有分厂厂长中脱颖而出。

经过石达的努力，在半年后，终于让原来最混乱、生产能力最低的三分厂一跃成为整个公司的生产管理标杆区，各项指标均占据首位。承担了责任的人总会得到回报，一年后，董事长决定把三分厂的经营管理权下放给石达，并给他年薪60万元。石达原来的工资，每月只有5000元。石达不畏责任的担当为自己赢得了成功的机会。

由此可见，选择了责任，就等于选择了机会；逃避了责任，就等于放弃了机会。对工作有担当，这体现了你对工作的高度责任心，体现出了你的优良人品。对工作有担当会让你这块"金子"不管在哪儿都会发光。

作为职员，你应该记住：责任和机会是成正比的。所以，你要想成功，就必须要有担当的精神，没有责任就没有机会，责任越大，机会越多；责任越小，机会越少，因为机会从来不是独来独往，它要么牵着责任的手，要么和责任合二为一。

对工作担当，也就是对自己负责

从字义上理解，责任中的"责"就是分内应做的事，而"任"就意味着担当、承受，责任就是指我们应承担的职责。责任是一种神圣的义务，在职场里，充当什么样的角色，就要承担起所对应的责任，因为你选择了这份工作，你就应该担当起这份责任，工作本身就意味着责任。

在工作中，谁都不希望出现失误，但"人非圣贤，孰能无过"，每个人都难免出现这样或那样的失误。但是，当问题发生时，有些员工首先想到的却是推卸责任，理由、借口都会被他们堂而皇之地派上用场，想方设法向老板解释说明这事和自己没关系。此时老板最急需的是解决方案，而他们却闭口不谈，只是一个劲儿地回避责任。

世界上最愚蠢的事情就是推卸责任，因为这样做并不能把责任推得一干二净。

在《责任—机会》一书中，有这样一个真实的案例。

有一家生产日常用品的公司由于厂房建在地势低洼处，每年都要经历一至两次扛洪抢险活动。有一年夏天，老板出差到深圳去了，出差之前，他告诉几位主要负责人："时刻注意天气预报。"

有一天晚上，远在深圳的老板看到天气预报说有雨，担心厂房被淹，就给几位负责人打电话。可能由于天气关系，老板打了几个电话一直都没打通，最后打到了财务经理的家里，让他立即到公司查看一下。

"好，我马上处理，请放心！"接完电话，财务经理并没有去公司，他认为这是安全部的事情，不该由他这个财务经理去处理，何况他家离公司有好长一段路，去一趟很费事，于是他就给安全部经理打了一个电话，提醒他去公司查看一下。

安全部经理接到电话后有点儿不愉快，心里说："我安全部的事，不需要你来管。"他也没去公司，当时他正在打麻将，输了不少钱，正烦着呢，连电话也没有打一个，他心里想："反正有安全科长在，不用管了。"

安全科长没有接到电话，他知道下雨了，并且清楚下雨意味着什么，但他心里想有好几个保安在厂里，用不着他操心。当时，他正在陪朋友喝啤酒，而且把手机也关了。

那几个保安的确在厂里，他们也知道下雨意味着什么，于是赶紧准备防洪抽水的几台抽水机，但是不巧的是没有柴油了，他们打电话给安全科长，科长的电话关机，他们没有再打，也没有采取其他措施，而是早早地睡觉去了。值班的那个保安睡在值班室里，睡得最沉，他以为雨不会下很大。

到凌晨一点钟左右，雨突然下大了起来，当值班保安被雷声吵醒时，水已经漫到床边了，他立即给消防队打了电话。消防队虽然来得很及时，但由于通知太晚，8个车间还是被淹了7个，数十吨成品、半成品和原材料泡在水中，直接经济损失达300多万元。

事后追究责任时，每一个人都说自己没有责任。

财务经理说："这不是我的责任，而且我是通知了安全部经理的。"安全部经理说："这是安全科长的责任。"

安全科长说："保安不该睡觉。"

保安说："本来可以不发生这样的险情，但抽水机没有柴油了，是行政部的责任，他们没有及时买回柴油来。"

行政部经理说："这个月费用预算超支了，我没办法，应该追究财务部的责任，他们把预算定得太死。"

财务部经理又说："控制开支是我们的职责，我们能有什么责任？"

老板听了，火冒三丈："你们实在令我失望，一个个都是推卸责任，你们这样的人，我怎么敢把工作继续交给你们啊！其实，我并不是要你们赔偿损失，我要的是你们的态度，要的是你们对这件事情的反思，要的是不再发生同样的灾难，可你们却只会推卸责任！"

财务经理、安全部经理、安全科长等人已经知道了问题，并且心里很清楚这个问题的严重性，却没有积极地解决问题，而是将希望寄托在其他人身上，结果反而会"雪上加霜"，让公司遭受了巨大的损失，相信老板再不会任用这样不负责任的员工了。

回避问题并不能使问题得到解决，相反，还可能因拖延而使问题变得更严重，对于公司和你都没有一点儿好处，所以，当问题来了，你要做的只有积极面对、勇于担当，这才是最终的解决之道。

有一位企业老总曾讲过这么一个故事。

有一次，他们公司要举行一次项目研讨会，主管这次会议的是负责销售的李经理。在会议开始以后，才发现有关这个项目的宣传片在观看时听不到声音，导致研讨会进行得很不成功。

事后，老板找到了李经理，李经理知道事情的严重性，可是他的回答差点儿没把老板气死。

他说："真的对不起，这事是由于DJ小赵没有检查清楚，而我的助手小王又没有检查出来，这是他们的错，我会处分他们的。"

老板很生气，只说了一句话："李经理，这是他们的错，我要你做什么啊？你是做什么的啊？"

最后，李经理的下场可想而知。这说明什么呢？出了问题，应该坦然地说："这是我的错。"然后从自己身上找原因，而不是认为什么错都是别人的。作为一个领导，就更不能把一切责任都推到下属身上。

在工作中，当我们犯了错误或出现失误的时候，一心去想如何隐瞒错误或推卸责任的做法是最不可取的，因为这样做往往错过了弥补错误的最好时机，且往往会将错误扩大，进而造成更大的损失，而到那时，再想弥补错误，恐怕已经来不及了，也难以起到作用。还有一点就是，当你犯了错误，推卸责任不仅说明你的工作态度有问题，还说明你的道德人品也有问题。

所以，当你犯了错误，要勇敢地承担，并采取一切可能的措施去弥补，将错误造成的负面影响降到最低，这也是面对错误的最明智的选择。很多时候，一个人推卸责任，连带给他成功的机会也推掉了。一家公司的总裁说："工作出现问题，如果是自己的责任的话，应该勇于承担并设法改善。慌忙推卸责任并置之度外，以为老板不察觉，未免太低估老板了。我不愿意让那些热衷于推卸责任的员工来做我的部下，这会使我感到不踏实。"对任何人来说，推卸责任都是有害无益的，这会断送一个人的前途，并注定他此生定会碌碌无为。

敢于担当是所有能力的核心

很多企业在招聘人才时都非常强调"人品"，如果你问企业家及管理者们一个问题："您最重视员工的什么素质？"他们几乎都会给你一样的答案："人品。"

这里所说的"人品"，其实是指一个职业人的基本素质。其中，重要的"品"是什么呢？是责任心。在职场中，责任心是人品最核心的要素，因为一个

人品，
看不见的竞争力

员工倘若丧失了责任心，纵使有再丰富的知识、再大的才华，也难以创造价值。

任何一个老板都很注重员工的责任感。为什么一些公司每年都会招聘一些人，又要解聘一些人呢？作为老板，他不会无缘无故地解聘员工，只要你仔细观察被解聘的这些人，不乏有能力超强的人在，为什么他们也会被解聘呢？其实，这一切的原因在于他们对工作粗心、懒散、不好好工作、没有责任感。

微软一直把员工的责任心看得很重，他们在招聘员工时会提一些有关责任感的问题。

有一次，微软公司要招聘高级管理人员，公司董事长比尔·盖茨亲自主持面试，来应聘的这些人每一个看起来都很精明干练。面试的人一个个进去，又一个个出来，大家看起来都是胸有成竹。面试只有一道题——谈谈你对责任的理解。来应聘的这些人叱咤职场多年，所以对这个责任问题都能说得很深很透，但是最后却没有一个人被录取。难道微软公司成心不想招人？许多人都这样想。

对此，比尔·盖茨是这样解释的："我很欣赏这些人的才华，他们对问题的分析是层层深入，语言也很简洁畅达，令各位考官非常满意。但是，我们这次考试不是一道题，而是两道，遗憾的是，另外的一道题你们都没有回答。"

大家哗然："还有一道题？"

"对，还有一道，你们看到门边那个笤帚了吗？有的人从上面跨过去，有的人甚至往旁边踢了一下，但没有一个人把它扶起来。"

"对责任理解得再深刻，远不如做一件有责任的小事。"比尔·盖茨最后说。

俗话说，一滴水可以折射出整个太阳的光辉，从一件小事可以看出一个人内心的世界。要想知道一名员工对企业或组织有没有责任感，并不需要用大是大非的问题来考验，通过一些细微的小事就可以得到最合理的答案，这也是比尔·盖茨故意在门边放把笤帚的原因。

如果一个医生不小心给病人开错了药方，那会造成什么后果？如果一个水泥工人在操作中因疏忽而制造了一批不达标的水泥，而一家建筑公司正准备用这批水泥做建筑材料，那会出现什么样的灾难？而一个财务人员如果在汇款时不小心写错了一个账号，公司又会蒙受多少损失？任何一个老板都是十分精明的，他们是不会容忍那些只知拿薪水、工作不负责的员工的。更何况企业与企业之间、公司与公司之间的竞争越来越激烈，只要员工在工作中有一丁点儿不负责任，就有可能导致整个企业蒙受巨大损失，甚至让企业顷刻间倒闭。

小强是一家外贸公司的业务员，他经常对自己说要做一个有责任心的人。但是事实上，他做得并没有他说的那样好。

有一次，他为公司采购一批羊皮，与供货商谈妥的条件为："每张大于4平方尺。有疤痕的不要。"但是在合同中，他却是这样写的："每张大于4平方尺、有疤痕的不要。"结果供货商发来的羊皮都是小于4平方尺的。只因把其中的标点符号"。"错写为"、"，让供货商钻了空子，使小强哑巴吃黄连，有苦说不出。

某报曾经发布过这样一条新闻：上海某医院在同一天为两个患不同病症的儿童做手术。由于手术时间只相差几分钟，当时又只有一辆手推车，护士觉得奔跑两趟实在麻烦，便把两个患儿放在同一辆车上，进入手术室后也未核对患儿的病史信息，就随意把两人放到两个不同的手术台上。结果，要割除胆囊的患儿留下了咽部残疾，另一位要割除扁桃体的却失去了胆囊。

以上两个案例让我们明白：一个人能力大小不是主要的，主要是看他对工作、对事情有没有责任心、敢不敢负责任。即使你的能力再大、很能办事，但由于你没有履行自己神圣的职责、不负责任，也很容易把事情办坏。

责任心是做好工作的第一要素，它比能力更重要，因为有责任心的人会很努力、很认真、很仔细地工作，这样就可以确保工作少出错；有责任心的人会把圆满完成工作当成自己的任务，为了完成工作会做一切努力，包括努力学习新知识、总结工作经验。他们所做的一切行为都是为了一个目标，即更有效地完成工作。

小强的故事还说明了一个问题：有责任心不是靠嘴巴说，更重要的是行动。只有行动才能说明一个人是否具有责任心。在现实这个社会，责任，不仅是一种品德，更是一种能力，而且是其他所有能力的核心。一名员工的学历、能力、才华固然重要，但责任心更为重要。水平和能力可以经过后天的努力来培养，但是如果缺乏责任心，则所有努力都将失去意义。

责任面前，绝不拖延

不管身处何地、身处何位，我们都有属于自己的责任。身为一道彩虹，就应该闪亮一片天空；身为一名员工，就应该做好本职工作。不去找借口，就不会拖延。很多时候，一些人之所以失败并不是因为他们有多么蠢笨，更多的原因在于他们懒惰、拖延，以及为自己寻找理由和借口。

当他们做不完工作，就对老板抱怨："工作量那么大，我又不是机器。"

当工作质量出现了问题，他们就对老板抱怨："只有那么短的时间，我只能做到这么好。"

反正，他们总是为自己寻找拖延的借口。习惯一旦成为自然，产生了惯性的懈怠心理，总是会想"明日复明日"，可是你应该知道，明天还有明天的事。

相反，对于那些珍惜时间、绝不拖延的人而言，今天才是最珍贵的，今天的成就就是明天更好的开始。没有今天，明天就会一无所有，所以他们会抓住今天的时光，为自己积累财富。而那些总想着还有明天的人，永远都不会有成就。

陈晴和张雪两人毕业于同一所学校，她们都有一个共同的梦想——成为电视台的节目主持人。

陈晴的父亲是大学教授，母亲则是一家公司的副总，她的家庭对她有很大的帮助和支持，她也有主持这方面的天赋，因为她可以很容易让别人感受到亲近，而且知道怎样从他人嘴里"掏出心里话"。她认为如今缺少的只是一次机会，只要有一次机会，那么她肯定能成功。

有一次，一家电视台招聘节目主持人，招聘的日期是1号、2号、3号这3天，1号时，母亲告诉她应该去面试了，她说道："我今天正好准备一下，明天去。"2号时，母亲又催她，可她的回答是："明天还有时间，我明天去。"3号时，她来到了电视台，当她说自己是来面试的时候，却得到了一样的回答：面试的人太多，已经在昨天提前结束了。

与陈晴完全相反的张雪没有优越的家境，在大学时就为自己的学费而不得不四处打工。她没有任何社会背景，她知道"天下没有免费的午餐"，她唯一可以做的就是不断地努力，为自己创造机会。毕业之后，她开始谋职。她跑遍了每一家电视台，但是没有人愿意用她，因为她没有任何工作经验。

后来，她得知这家电视台在招聘节目主持人，于是在1号的早晨就来到招聘现场，而且她是第一个接受面试的人。她经过几番波折，终于得到了这份工作。在她的努力下，很快就成为一名当地很有知名度的主持人，后来便跳槽到了另一家电视台，开始只是做一些零碎的工作，但她却把这些当做锻炼自己的一次机会。又过了几年，她终于得到了提升，成为自己梦想已久的电视台主持人。

陈晴有良好的家庭背景，也有当主持人的天赋，却因为拖延而失去了人

人品，
看不见的竞争力

生中的一次重要机会，实在是人生的一大遗憾。由此可见，不要去等待奇迹，如果想要走向成功，现在就要启程。对于职场中的每个人来说，每天都是一个新阶段，如果你总是把今天的工作推给明天，明天的工作推给后天，你的内心就会被这种消极的情绪所占领，就会认为每天好好工作也是一天，不好好工作也是一天，为什么不让自己轻松一点儿呢？

机不可失，时不再来。优秀的职场人士每时每刻都会为自己积极准备，他们知道，如果这一秒不努力，那么下一秒就有可能失去一个创造奇迹的机会。反观拖延心理，不仅会让你失去对工作的积极性，更会让你与机会擦肩而过。

有一个6岁的小男孩，有一次，他在外面玩耍时，发现了一个鸟巢被风从树上吹落在地，从里面滚出了一只嗷嗷待哺的小麻雀。

小男孩走过去，把小麻雀捧在手中，他决定把它带回家喂养。当他捧着鸟巢走到家门口的时候，突然想起妈妈不允许他在家里养小动物。于是，他轻轻地把小麻雀放在门口，急忙走进屋去请求妈妈。

在他的哀求下，妈妈终于破例答应了，当小男孩兴奋地跑到门口的时候，却看到了这么一幕：一只黑猫正意犹未尽地舔着嘴巴，小麻雀就这样因为他的拖延而丧失了生命，那一刻他告诉自己，只要是自己认定的事情，绝不可优柔寡断，要立刻动手去做。这个小男孩长大后成就了一番事业，他就是华裔电脑名人王安博士。

拖延是不负责的一种体现，它说明了你对某件事情不够重视，那么接下来往往会生出一些悲惨的结局。恺撒大帝因为接到了报告却没有立刻进行展读，结果在议会上丧失了性命；美国独立战争时期，英国的拉尔上校正在玩纸牌，忽然有人递了一份报告说华盛顿的军队已经到了德拉瓦尔了，但他只是将报告放在桌子上，等到牌局完毕，他才展开那份报告，待到他调集部下出发应战时，已经太迟了，结果全军被俘，而他也因此战死。仅仅是几分钟的延迟，就丧失了尊荣、自由与生命，实在是不应该。

其实，很多事情都有充足的时间去做，只是被你一味地拖延，拖到最后，时间不允许了，才成为你不得不做的"急事"。这样做所造成的结果是浪费了宽裕的时间，弄得你经常手忙脚乱，总是觉得时间不够。在那么紧迫的时间内，你所处理的事情的效果自然大打折扣，吃力不讨好。那么，如何才能逃出这个怪圈呢？这就需要你克服做事拖拉的习惯，养成遇到事情马上落实的良好习惯，把时间合理地分配，如此，你不但会觉得轻松，而且会提高做事的效率。轻轻松松地提前完成任务，何乐而不为呢？

工作中绝对没有借口，要保证完成任务

在工作中，当我们遇到困难，内心就会冒出这样一个声音：我真倒霉，又遇到意想不到的困难了！这样说正确吗？这样说是不是更准确：那个早应该解决的困难，今天终于找到我们了。

为什么这样说？因为你不放弃这份工作，这个困难就会一直存在；如果你不解决它的话，或许它还会在你下一份工作中出现。我们躲不过初一，跑得了和尚跑不了庙，因此，不要给自己找任何借口，也不要有任何拖延的想法，对老板和自己说："工作中绝对没有借口，要保证完成任务。"

小李大学毕业几年了，每日奔走在各大人才市场，就是找不到合适的工作。其间也上过几天班，没干几天，又被老板炒了鱿鱼……跟朋友闲聊的时候，小李总是抱怨说："老板总是给我那么重的活儿，我又不是机器，我能做那么多吗？"

张小姐属于新新人类，当其他朋友、同学都为工作太忙犯难时，她则为找工作犯难。毕业1年了，她走马灯似地换了4个工作。家人、朋友都劝她，稳定压倒一切，你跳来跳去，不但赚不到钱，连工作经验都没积累，图什么呢？

人品，
看不见的竞争力

张小姐一脸无奈地说："找一份工作既费时、费钱，又费精力，我愿意换工作啊？可是找到的工作都不适合我啊！我就纳闷了，为什么我做的每件事，领导不支持、同事不配合，我能待下去吗？"

工作中，出现类似这样的情况不胜枚举，因为工作中总会不断地出现新的问题，如果你不敢面对，你就永远无法得到成长。

当很多困难突然横在你面前的时候，请不要抱怨，也不要找任何借口，要勇敢地面对，保证完成任务。

小李应该提醒自己：为什么别的同事都能做完，我却不能？当困难摆在当事人面前，大多数人会寻找借口……可是，工作不允许你有那么多的借口。

张小姐的问题也是职场多见的问题。不敢面对问题，遇到困难就逃避，只想找一个真正适合的环境，可能吗？困难来了，问题出现了，只有勇敢地面对。如果找借口，只会使问题变得越来越严重。

在困难面前要学会担当、要懂得担当，而不是逃避、给自己找借口。不找借口就等于切断了自己的后路，你就能集中精力想出很多办法来解决问题。

1898 年 4 月，美国即将对西班牙宣战，当时有件很重要的任务——麦金莱总统需要一名士兵去给古巴将军加西亚送一封信，阿瑟·瓦格纳上校向总统推荐了罗文中尉。

罗文中尉知道这是一个麻烦的任务，但他接受了，因为服从命令是他的责任，并且还在无人护卫的情况下毅然出发了。直到他秘密潜入古巴岛之后，才见到了古巴爱国者给他派来的几名当地向导。

罗文突破重重困境，经受了生死考验，终于把麦金莱总统的信安全地送到了加西亚将军的手中。罗文以自己的勇敢与忠诚出色地完成了任务，但他并不以此为满足，在他的人生信条中，送信是他的使命，而带回加西亚给总统的回信，才是他对这次使命圆满完成的理解。

正如他自己所说："尽管总统没有要求，但我知道他非常需要，这是我应该做的。"罗文做到了，从而也使自己成为了一个"在战争中掌握决定性力量的人"。

在送信的过程中，他经历了很多意想不到的事情，在返回的途中所遇到的危险则更加难以预料。不过，这位出色的年轻中尉有着不屈不挠的精神，并在这种精神的支配下圆满地完成了信使的任务。美国陆军部长为表彰罗文的贡献，为他颁发了奖章，同时高度称赞他说："在整个军事史上，这个表现是最具冒险性和最勇敢的事迹。"

这个就是我们耳熟能详的"送给加西亚的一封信"的故事。它告诉了我们罗文是这样一个人：他明白使命的本质，明白完成任务才是最重要的。

不找借口是责任心的体现，这种人有着崇高的人品。麦金莱总统和加西亚将军都对罗文给予了很高的评价："我喜欢罗文中尉，并不仅仅因为他是一名能征善战的军人，而是因为他的敬业精神、他的忠诚，尤其是绝对没有借口、保证完成任务的工作态度为我们的国家赢得了荣誉。罗文中尉是一名合格的信使。"

在职场上，令领导最头疼的一件事就是职员的责任感太差，没有大局意识，遇到困难就找借口逃避。对于这样的职员，领导可以信任他们，却无法委以重任；这样的职员眼界有限，只能当职员，根本无法担任更加重要的职务。当他们为无法升职抱怨时，可曾想过正是平日里遇到困难给予了太多的借口，毁了他们高就的机会？

成功的人永远在寻找方法，平庸者遇到困难永远在寻找借口。但是，不管他们找到多么完美的借口，都永远改变不了他们是懦夫的事实。并且，今天逃避的困难在明天也许就会碰上。面对困难，你需要勇敢面对，向成功者取经、问路，而不是畏惧、逃避、退缩。

每个人都必须为自己的生命负责，不能逃避方方面面的责任。不找借口，你会成为有担当的人，得到更多尊重，收获更多成功。

第 10 章

忠诚敬业

——职场中最闪亮的那颗明珠

在职场中，老板才是你最大的客户。无论你从事何种工作、身处何种职位，你必须知道一件事：忠于你的公司、忠于你的职位、敬业地完成每一份工作，你才能在职场上有发展。

忠于公司就是忠于自己

从古到今，没有谁不需要忠诚。皇帝需要臣民的忠诚，领导需要下属的忠诚，丈夫需要妻子的忠诚，妻子需要丈夫的忠诚。因此有人说，忠诚比金子和智慧更加重要。

忠诚是一个人的金字招牌、是优良人品的体现。忠诚包括很多方面，就企业范围而言，要忠于公司、忠于岗位；要忠于领导和同事；最后还要忠于你的客户和顾客。关于忠诚，它在你日常的工作和生活中还远不止这些。但是，所有的忠诚，最后归根结底都是忠于你自己。

张鑫刚满 17 岁的时候，以一名学徒的身份进入一家汽车修理厂。那时，他对修理汽车一窍不通，就边工作边学习，遇到不懂的地方就向那些老员工们请教，如果老员工们也不懂的话，他就自己研究明白。

除了热爱学习，张鑫还是一名出色的工人，只要是师傅交给他的任务，他都能完成得很出色，绝不允许自己有半点儿马虎。就这样，日复一日、年复一年，5年过去了，他早已对修理车子的一切了如指掌。

后来，他自己开了一家汽车修理厂，当了老板的他更加认真、更加进取。在他的带领下，在短短的3年里，他就把自己汽车修理厂的规模扩大了两倍。

大多数人刚进入公司时都是不起眼的小人物，要想通过自己的努力干出一番事业来，你只有脚踏实地、努力地为公司付出，与公司一起成长。如果你总是抱怨公司这里不好、那里也不好，始终无法让自己融进公司这个平台上，时间一久，就会养成一种对工作不负责任的习惯。试想，这样的人即使换一个平台，能安安稳稳地工作吗？

忠于公司，其实就是心甘情愿地为公司付出你能付出的。为什么说忠于公司就是忠于自己呢？因为只有有了一颗忠诚敬业的心，你才能静下心来工作，才能更迅速地通过工作学习知识和提升自己，因此可以这样说，忠诚也是一种能力，这种能力虽然看不到，但是时间一长，你就会因为这能力得到意外的收获。

在这个世界上，有些人为了高薪不停地跳槽；为了获得利益甚至出卖原公司的商业秘密。这些都是不忠于公司、不忠于自己的行为。而一个不忠于公司、不忠于自己的人是无法得到任何一家公司的欢迎的。

某公司销售部唐经理和高层发生意见分歧，双方一直未能达成共识。为此，唐经理耿耿于怀，准备跳槽到另一家竞争对手公司。唐经理一方面是出于泄私愤，另一方面是为了向未来的"主子"表忠，便想尽一切办法把公司的机密文件和客户电话全部以打电话或传真的形式给各市场经销商，使得市场乱成一团，并引发了很多市场纠纷，从各地市场打来的电话几乎将公司的电话打爆。

这还不算，唐经理还打电话给当地的工商、税务局，说公司的账目有问题，虽然最后查证无此嫌疑，但却给公司带来了很大的伤害。

当唐经理带着满意的"成果"去向竞争对手公司邀功请赏时，没想到热屁股却遇上了冷板凳，未来的"主子"见唐经理是这般对待老东家，便开始担心：谁知道他以后又会不会如法炮制地对待自己的公司呢？身边有这样的一个人，不就像是埋下了一个随时可能爆炸的定时炸弹吗？谁还敢用？结果，自然是没有录用他。

背叛公司、背叛老板，也就意味着背叛自己，这样的人是永远没有人喜欢的。第二次世界大战时，美国著名的将领麦克阿瑟曾说过："士兵是必须忠诚于统帅的，这是义务。"认认真真地对待自己的工作、忠于自己的公司，这不仅仅是你的责任，也是忠于自己的表现。

其实，只要你认真对待自己的工作、忠于自己的公司，努力在职场中用忠诚打造自己的个人品牌，公司也会给你一个实现自己人生价值的平台。从这个意义上来说，忠于公司就是忠于自己。

对此，我们列出了忠于公司的十大理由，或许能帮助你理解忠于公司就是忠于自己的使命。

理由1：因为你是公司的职员。

理由2：公司给了你一个饭碗、一个事业发展的契机、一个施展才华的舞台，你应当懂得感恩。

理由3：对公司忠诚，你才能得到公司忠诚的回报。

理由4：公司发展了，你得到的回报将会更多。

理由5：只有忠诚的人才能感觉到工作的激情，而不忠诚的人只会觉得工作是苦役。

理由6：只有忠诚于公司、努力做好自己的本职工作，你的才华才不会浪费、不会贬值、不会退化。

理由7：只有忠于公司，你的个人价值才能更好地展现出来。

理由8：忠诚是造就你的职业声誉和个人品牌最重要的因素。

理由9：只有忠诚的人才能够在公司中找到自己的归属感。

理由10：没有人喜欢不忠诚的人，没有哪家公司欢迎不忠诚的员工。

忠诚比能力更重要

责任心是人品最核心的要素，而最能体现出一个人的责任心的则是忠诚。一个忠诚的人会心甘情愿地为公司付出一切，这就是为什么现在这么多的老板一直认为忠诚是员工最优良的品质的原因。

现在，很多人都把目光盯着优秀的企业，做梦都想进入优秀的企业，他们每天忙于"充电"，努力提高自己的能力，却忽视了对忠诚的培养，结果，我们经常看到一些能力超群却忠诚度不够的人才被一些优秀的企业拒之门外。因此这些人会困惑：为什么是这样？我有高学历、超强的能力？我有十几年的经验？难道这些都没忠诚有价值吗？这当然不是。

唯一可以解释的是，在教育蓬勃发展的今天，高学历的人太多了，有才华、有能力的人太多了，但有才华、有能力又忠诚的人却不多。今天，在中国、许多企业并不缺少有能力的人，而那种既有能力又忠诚于企业的人才是企业真正需要的理想人才。甚至有些企业发出了一片呐喊声：忠诚比能力更重要。

职业经理人张晓天离开新潮流公司时，老板承诺给他的60万元年薪也只兑现了18万元年薪，但张晓天并没有因此而怀恨新潮流公司的老板，反倒一如既往地忠诚于新潮流公司。

在他离开新潮流公司的当月，就有另一家服装公司的老板请他喝茶，开价 120 万元年薪邀请他加盟。这家服装公司的老板之所以这样做，除了冲着张晓天的能力外，还冲着张晓天掌握着新潮流公司的全部经营秘诀。新东家和新潮流公司是多年的老对头，他们想从张晓天身上找到打败新潮流公司的突破口。

然而，张晓天拒绝了这 120 万元年薪，因为忠诚是他做人的原则。新潮流公司的老板得知自己的手下有如此忠诚的员工，感动得几乎流下泪来："我身边很多人都时时刻刻在想办法弄走我的钱，如果他们都能够像你这样，该多好啊！"

离开新潮流公司后，张晓天拒绝了多位老板的邀请，身心疲惫的张晓天决定自己创业。他以自由职业者的身份给企业做管理咨询，在业余时间内从事写作，这样一干就是一年。

这期间，新潮流公司先后以高薪聘请 3 位财务总监。有了对比，老板才发现，无论工作能力还是职业品质，张晓天都是无人可以超越的，尤其当他得知竞争对手曾经高薪邀请张晓天，而张晓天没有接受，他更觉张晓天的难得。有能力、有智慧的人有许多，而有智慧又忠诚的人却难以找到。为此，他再次向张晓天发出了邀请。这一次，他给出的年薪是原来的两倍，并承诺将一年多前欠的 42 万元年薪补给张晓天。

在市场经济大潮中，到处都有经济竞争，虽然这些"战争"没有硝烟弥漫，但却异常炽热，在这一场场没有刀光剑影却旷日持久的"战役"中，忠诚最能考验一个人，也最能成就一个人。对一个士兵来说，如果死于忠诚，那么他是光荣而伟大的，而如果因为出卖忠诚而苟且地活着，那是一种极大的耻辱。同样，在企业里，靠出卖企业获取个人私利也是耻辱的。

忠诚是一种传统的美德，更是做人的基本道德素质之一。在任何企业里都存在一个无形的同心圆，圆心是老板，圆心周围是忠诚于企业、忠诚于老板、忠诚于职业的人。离老板越近的人是忠诚度越高的人，而不一定是职位越高的人。很多高层管理者天天和老板打交道，却未必得到老板的信任，原因可能和忠诚度不够有关。很显然，越靠近"同心圆"圆心的人，越可能获得稳定的职业和较高的回报。

张鹏帮是一家广告公司的创意总监，由于企业调整了发展方向，他觉得这家企业不再适合自己，决定换一份工作。

最终，经过仔细斟酌，他决定到一家大型企业去应聘创意总监，这家企业在全美乃至全世界都有相当的影响，很多广告业人士都希望能到这家企业工作。

对张鹏帮进行面试的是该企业的人力资源部主管和负责设计方面工作的副总裁。对张鹏帮的专业能力，他们是非常认可的，只是提到了一个使张鹏帮很失望的问题。

"我们很欢迎你到我们企业工作，你的能力和资历都没有任何问题。我听说你以前所在的企业正在为一家英国的公司做一套营销方案，据说你提出了很多非常有价值的想法，我们企业也在做这方面的工作，你能否透露一些你原来企业的情况？你知道这对我们公司很重要，而且这也是我们为什么看中你的一个原因，请原谅我说得这么直白。"副总裁说。

"我想，我让你们失望了，因为我有义务忠诚于我的企业，任何时候我都必须这么做，即使我已经离开。与获得一份工作相比，忠诚对我而言更重要。"张鹏帮说完就走了。

张鹏帮的朋友都替他惋惜，因为能到这家企业工作是很多人的梦想，但张鹏帮并没有因此而觉得可惜，他为自己所做的一切感到很坦然。没过几天，张鹏帮收到了来自这家企业的电话，电话是那位副总裁打过来的："恭喜你，张先生，你被录用了，不仅仅因为你的专业能力，还有你的忠诚。"

后来，张鹏帮得知，跟他一起竞争那个职位的人很多，其中不乏有比他能力强的人，但是由于他们为了获取一份工作就出卖了自己原来的公司，对原来的公司丧失了最重要的忠诚，结果被淘汰了。

每一家公司在录用人才的时候都很看重一个人是否忠诚，因为它们相信，如果一个人可以对原来的公司忠诚，那么他也可以对自己的公司忠诚。

我们很多人都有这样的经历：面试官在招聘新员工时总爱问："你能胜任什么样的工作"、"你有哪方面的特长"，等等这些关于能力的问题，而很少关注"你是如何理解对公司的忠诚的"、"你认同我们公司的哪些理念"这些关于忠诚的问题。因为在大多数人看来，只要有了足够的能力，就不愁找不到好的工作。而通过对一些大型企业的研究发现，近年来，越来越多的优秀企业不是把能力放在选用人才的首要标准上，而是把能力排在忠诚与责任之后。

通过对 2003 年位于世界 500 强名单的企业用人标准进行研究，我们发现，这些企业不断在强调个人知识和能力，但是否只要具备了知识和能力就能在这些优秀的企业中获得一个工作岗位呢？不一定。相比能力来说，企业更看重的是忠诚的品格。因为他们清楚，一个缺乏忠诚的"人才"就好像给企业安上了一枚定时炸弹，随时都有可能因为他们的背叛而让企业遭受到巨大的损失。

那么，既然忠诚胜于能力，是不是能力就不重要了呢？当然不是。忠诚是要靠业绩来做支撑的，而不是口头上的效忠；而反过来说，业绩也是靠能力来创造的。我们一直在说"人才"，那么"人才"究竟指的是哪些人呢？其实，真正的人才用"德才兼备"这 4 个字就可以概括。

德才兼备的员工是公司引以为傲的"人才"；退而求其次，能力差一点儿但绝对忠诚的员工，老板会对其很放心；再次，只有忠诚而没有能力的人，这样的员工可有可无；最后，虽然能力很强却没有丝毫忠诚度的人，一旦搞起破坏来，就会给公司带来一场灾难，相信任何一家企业都不会愿意任用这样的员工。

别让你的忠诚成为愚忠

提到忠诚，很多人都会想到那些绝对服从老板的人。其实，这是一种错误的认识，忠诚并非是要你做老板的"奴才"。那种只知道绝对服从却不分辨是非的人，并不能对公司的事业有所帮助。老板并非圣人，他所作的决策并不是完美无瑕的，难免会有欠缺，有时甚至会出现致命的缺陷。这时候，证明你是否是一个忠诚的员工就在于你敢不敢站出来指出其中的不妥之处。

现实生活中，有不少人把愚忠当做忠诚来看待，认为老板叫他们做什么，他们就做什么，如果老板是错的，他们也就跟着错。这种狭隘的理解忠诚并且绝对服从的效忠只是愚忠，更有人把忠诚与拍马屁混为一谈，他们对老板阿谀奉承，凡事都只图让老板开心，在工作中总是报喜不报忧。

下面是一则名为"老虎的孤独"的寓言。

作为森林之王，整片森林都需要老虎来管理，有时候，它难免会作出错误的决定。它多么渴望可以像其他动物一样能有朋友忠诚地对待它，让它在作决定的时候少犯一些错误。

小兔子和狐狸是老虎最亲近的朋友，它很想从它们两个那里得到答案，就问小兔子："你是我的朋友吗？"

小兔子笑着回答："当然，大王，我永远都是您最忠诚的朋友。"

"既然如此，"老虎说，"为什么我每次犯错误时，你总是不提醒我呢？"

小兔子想了想，说："尊敬的大王，我的智力低下，无法看到您犯的错误。"

老虎又去问狐狸，狐狸讨好地说："小兔子说得对，您那么伟大，有谁能够看出您的错误呢？"

观察一下你身边，是不是有很多像小兔子和狐狸这样把忠诚当成愚忠的员工?忠诚并不是愚忠，当老板向你下达指令时，要学会分辨是非，学会冷静思考问题，不要被老板的威严吓倒，害怕老板发威就会失去工作，也不要被老板的甜言蜜语迷惑，要知道利弊，别糊里糊涂地干出一些错误的事情。

有时候，你不提醒老板犯了错，不是因为自己没有看出他哪儿错了，而是害怕"触犯"老板的威严，害怕往后他会对你做出不利的举动。实际上，大多数老板并不是这样的，老板都希望自己的错误能够得到改正。当然，对于一些脾性暴躁、刚愎自用的老板，你可以采取发邮件或者短信的方式说明你的看法，当他们知道了你的良苦用心后，一定会感激你，在工作上也会对你有所照顾。任何一个老板都希望自己的下属能在自己犯错的时候得到劝诫和提醒。不要犹豫，那些看似必要的顾忌不仅会增加你的烦恼，而且还会使本属于你的机会白白丧失。

忠诚不仅仅意味着听话顺从，在某些时候，员工说"不"也是一种忠诚，当然，对待不同性格的老板要用不同的方法。下面这个故事广为流传，看完之后你就会明白什么是愚忠、什么是真正的忠诚。

菲比先生是英国一家企业的总裁，他需要招聘一位项目部经理。

经过多次测试后，为数不多的几个人幸运地进入了最后的复试阶段。这次是由菲比先生亲自主持面试，他需要考察的是应聘者的勇气和忠诚度。

第一个应聘者被菲比先生带进了一个房间，菲比先生问："我很想知道你的忠诚度是不像你说的那样好，所以，我想问你，你是否能为了获得这份工作而待在这个房间里两天两夜不吃不喝?"

面试者毫不犹豫地回答："我愿意!"于是，他就真的待在那个房间里。然而，两小时后，菲比先生却告知他可以回家——他被淘汰了。

第二位被叫进去的男士被菲比先生带到了另一间屋子前，菲比先生对他说："房间里有一些重要的文件，你去把它拿出来交给我。不过，你只能用脑袋把门撞开!"这位男士心想：既然是考察勇气，那么就决不能表现出软弱来。于是，他不由分说地用头撞门，头已经破了，门还没被撞开。菲比先生见状，赶紧说，"好了，你回去等候通知吧。"

一个接一个的"勇士"被带到了菲比先生的办公室，可是，他们谁也没有得到菲比先生明确录用的回答。

最后一位面试者被带到了菲比先生的办公室，菲比先生对他说："我公司的副总最近老是跟我作对，我很讨厌他，这里有一包泻药，你将它放进这杯咖啡里去，然后送给他喝。"

还没等菲比先生说完，那个男士就剧烈地反应了起来："什么？你居然要我做这种事？这是不道德的行为！"

"我是这里的老板，你得服从我的命令！"菲比先生毫不客气地吼道。

"你简直就是个疯子！这样的命令根本没有一点儿道理，这份工作我不要了！"那个男士想也没想就回答道。

菲比先生没有说什么，又先后提出了前几次面试时的不合理要求，但他的要求最后都遭到了这位男士的严厉拒绝。最后，这位男士非常气愤，准备立即离开。这时，菲比先生极力挽留他，并向众人宣布这位男士被正式聘用了。

菲比先生解释道："真正的勇士是敢于坚持正义和真理而不畏惧强权的人，真正的忠诚不是一味地听上司的话，而要敢于纠正上司的错误，以免造成不必要的损失。"

很显然，菲比先生的做法是再明智不过的。任何一个老板都不会雇用那些不顾正义而一味效忠的人。愚忠的人不可能给企业带来任何财富，他们只是老板背后的"跟屁虫"，不懂得创新，不懂得向老板提出有建设性的意见，即使老板的决策是非常错误的。

愚忠是不可取的，真正的忠诚是站在公司的立场上，尽量让每一件事情都做对，并不是绝对和老板保持一个声音，更不是卑躬屈膝。愚忠是一种不负责任的表现，极有可能在盲目执行中给企业带来损失，甚至有可能让老板陷于不义之中。

忠诚是实现成功的最好办法

一位美国专家通过对几十名成功人士的研究发现，在决定事业成功的诸多因素中，一个人的知识水平、能力的大小占20%，技能占40%，态度也仅占40%，而100%的忠诚是一个人获得成功的唯一途径，是自我价值得以创造和实现的保证，它能使你成为企业真正需要的人。

因此，美国一位成功学家曾无限感慨地说："如果你是忠诚的，你就会成功。"

2001年，18岁的陈俊高考落榜后来到广州打工。像他这样没文凭、没技术的人很难找到一份如意的工作，最后他不得不进了一家港资五金厂做了一名杂工。

工厂里的活儿很重，他每天都是来回搬运那些沉甸甸的货物。一天工作下来，他感觉自己全身好像散了架一样疼痛难受。高强度的体力劳动几乎让陈俊吃不消，但他没有任何怨言，实在累得受不了了，他就跑到一个无人的角落偷偷哭一场，然后继续干活。

这样的日子，陈俊坚持了两年。当初和陈俊一起来工厂的同事基本都辞职了。终于，凭着勤劳肯干的性格和正直诚实的作风，陈俊赢得了其他同事的好感和主管的信任，他一步步地从杂工升为组长，从组长升为部门经理。

光阴荏苒，一转眼的工夫，陈俊在这家工厂工作了7年，并且从部门经理升到了生产车间经理，月薪由初进厂的200多元升到5000~6000元。面对高薪及由此带来的惬意生活，陈俊很清楚，他的能力还很弱，有很多东西需要自己去学习，尤其是当上生产车间经理后，他肩上的担子更重了，也更加勤奋了。他大刀阔斧地对生产车间进行了整顿，把车间生产搞得红红火火。

厂里的领导得知后，对陈俊的能力和忠诚给予了充分的肯定。2009年初，鉴于陈俊出色的表现，香港老板让他出任总经理，全权负责工厂的日常管理工作，他的月薪也由5000~6000元涨到10000多元，年终还有丰厚的奖金，而当年和他一起出门寻工的老乡还在这个充满机遇与诱惑的都市频繁地跳槽，始终没有找到理想的工作。陈俊从一名底层员工开始做起，经过10年的拼搏和忠实坚守的工作态度，终于在激烈的市场竞争中为自己闯出了一片天地。

陈俊用10年的忠诚坚守赢得了香港老板的赏识，最终当上了工厂的总经理。他用忠诚为自己做了长期投资，而公司也给予了他丰厚的回报，这就是忠诚带来的利益，绵长而深远，丰厚而甘甜。

一个人要想自己的事业蒸蒸日上，就必须忠诚于自己所任职的公司、忠诚于自己的老板，这样才能在工作中获得更多的机遇，更好地实现自己的人生价值。另外，随着职位的提高，老板对你的忠诚度也会随之提高。

古往今来，没有任何一个老板喜欢要小聪明、小花招的员工。无论你的能力多么优秀，无论你的智慧多么超群，如果你缺乏忠诚，你就无法在事业上取得成功。因为一个精明干练的员工一旦生有异心，他的能力发挥得越充分，可能对老板和公司利益的损害就越大。老板只会乐意提拔那些具有忠诚品质的员工，对三天两头喊着另寻他职的员工，则会毫不留情地将其"打入冷宫"。

张星刚进入一家钢铁公司工作，就在冶炼后的废渣里发现有不少没有完全充分冶炼的矿石，他认为，如果这样下去的话，公司将会遭受很多不必要的损失。为此，他还查了一下资料，了解到，就算不能100%地把矿石完全充分冶炼，但废渣里的这些矿石完全可以再利用。

于是，他找到了工人，甚至找到了技术工程师反映这个问题，但他们认为这不是一个很大的问题，但张星认为这是个很大的问题，于是拿着没有冶炼好的矿石找到了公司负责技术的总工程师，他说："先生，我认为这是一块没有冶炼好的矿石，您认为呢？"

总工程师看了一眼，说："没错，年轻人，你说得对。哪儿来的矿石？"

张星说："是我们公司的。"

"怎么会？我们公司的技术可是最棒的，怎么会有这样的问题？"总工程师很诧异。

"工程师也这么说，但事实的确如此。"张星坚持道。

"看来是出问题了，怎么没有人向我反映？"总工程师有些发火了。

于是，总工程师召集负责技术的工程师来到车间，果然发现了废渣里有不少冶炼得并不充分的矿石。经过检查发现，原来是监测机器的某个零件出现了问题，才导致了矿石冶炼的不充分。

公司的总经理知道了这件事之后，不但奖励了张星，而且还晋升张星为负责技术监督的工程师。总经理不无感慨地说："我们公司并不缺少工程师，却缺少忠诚的工程师。这么多工程师中就没有一个人发现问题，并且有人提出了问题，他们还不以为然。对于一个企业来讲，人才是重要的，但是更重要的是真正忠诚于公司的人才。"

凡是在事业上成功的人都是很忠诚的，唯有忠诚者，老板才敢对其委以重任。这个世界没有谁能随随便便就能得到一切，任何一个老板现在所拥有的都是经过自己的汗水浇灌而得到的，老板们绝不允许有人毁了他们的一切。

所以，如果你是绝对忠诚于企业与老板的人，即使你的能力差一点儿，老板依然会重用你，而不会重用那种能力很强却朝三暮四的人。

爱岗敬业是最可贵的职业品质

我们经常在招聘启事上看到招聘单位要求应聘者要有敬业精神。敬业精神在今天受到的重视程度超过任何一个历史时期，任何一家想竞争取胜的公司必须设法使每个员工敬业。不敬业的员工就无法给顾客提供高质量的服务，也就无法让公司在市场竞争中获胜。

在现代职场，一个员工是否成功取决于他的敬业程度。那么，什么是敬业呢？所谓"敬业"，就是敬重并热爱自己的工作，全身心地投入自己的工作，甚至把工作当成自己的事业，无论工作多么艰难困苦都心甘情愿地做，并且能够善始善终。爱岗敬业是职业道德的总体要求，是一个人基本素质的体现，它体现着一个人的工作能力和才干，体现着一个人对社会、对企业、对集体的责任感与奉献精神。

有一个发生在日本的真实故事。

许多年前，有一个女大学生利用假期到东京帝国饭店打工，这是她的第一份工作，因此她暗下决心一定要好好干。她没想到的是，上司分配给她的工作是洗厕所。

当她第一天将手伸进马桶刷洗的时候，差点儿当场呕吐。她勉强坚持了几天后，觉得难以为继，于是决定辞职。就在她准备离开厕所去辞职的时候，这名大学生发现和她一起共事的一位老清洁工居然在清洗工作完成后在马桶里舀了一杯水喝了下去。

大学生看到这一幕，感到一种从身体到灵魂的震撼。老清洁工看到她吃惊的表情，自豪地说："经过我清理过的马桶干净得连里面的水都可以喝下去！"这一刻，让这位大学生深刻地懂得了所谓的敬业精神：不论任何工作，都要追求最高质量地完成，更何况人家能做到，为什么自己就做不到呢？所以，她痛下决心："就算洗马桶，也要做洗得最出色的人。"

从此，当她再进入厕所时，不再引以为苦，而是全心全意地工作，每次清洗完马桶，也总是扪心自问："我可以从这里面舀一杯水喝下去吗？"

假期结束，当上司来验收考核成果时，女大学生当着所有人的面，从她清洗过的马桶里舀了一杯水喝了下去。这个举动震惊了在场的所有人，帝国饭店的总经理得知后，感受到这名大学生是绝对必须招揽的人才。

在这名女大学生大学毕业后，帝国饭店的总经理就向这位大学生发出了邀请，而这位女大学生凭借这股令人敬佩的敬业精神，成为帝国饭店最出色的员工和晋升最快的人。

许多年过去了，这位女大学生如今已经成为了日本内阁邮政大臣，她的名字叫做野田圣子。直到现在，当她每次向别人介绍自己的时候总是说："我是最敬业的厕所清洁工和最忠于职守的内阁大臣。"

不管在哪里，都会有许多才华横溢的失业者。当你和这些失业者交流时，你会发现，这些人总是对原有的工作充满了抱怨、不满甚至仇视。他们不是怪环境条件不够好，就是怪老板有眼无珠、不识才。总之，牢骚一大堆、埋怨满天飞。殊不知，问题的关键就是他们吹毛求疵的恶习使自己丢失了敬业精神这种宝贵的职业品质，从而使自己发展的道路越走越窄。

一个敬业的员工会将敬业意识内化为一种品质，实践于行动中，做事积极主动、勤奋认真、一丝不苟，如此，他不仅能获得更多宝贵的经验和成就，还能从中体会到快乐，并能得到同事的钦佩和关注、受到老板的重用和提拔。

懂得敬业、具有敬业精神是你在事业上迈出的第一步。在职场中搏杀的人士要不断思考这一问题，并努力培养自己的敬业精神。如果在工作中能把敬业变成一种习惯、一种品质，将会受益一生。

经济危机来了，公司为了节省开支，施行了裁员的措施，姚红与张娟都上了解雇名单，被通知工作完这个月就可以离职了。

两个人都在公司工作了十多年，姚红在得知要被裁之后，逢人就大吐苦水："我为公司付出了这么多，没有功劳也有苦劳啊！凭什么解雇我呢？"一开始大家还会安慰她几句，可后来她竟然含沙射影，仿佛自己被人陷害了似的，对谁都没有好脸色，弄得大家都怕碰到她。

此外，姚红还把怨气发泄在工作上，使工作做得很糟糕。而张娟在得知要被裁之后也很难过，但她的态度和姚红截然不同："既然下个月就要离开这家公司了，那就做好自己该做的。"于是她逢人就道别："我过些日子就要走了，这些年来真感谢你们的帮助，请你们以后多多保重。"

大家见她这么重感情，便对她更亲近了，这让她的心情好多了。在工作上，张娟的想法是："只要还在这里工作一天，就应该负责一天。"马上到了月底了，姚红与张娟同时去领薪水，领完后，这就表示着她们不再是这里的员工。领完薪水后，老板把张娟留了下来，对她说："像你这样对工作认真负责的员工正是我们需要的，我怎么舍得你离开呢？"

不论环境如何变化，敬业这种品质都是我们所应该具有的。有了这种品质，不管公司的状况如何，我们都会去勇敢地面对并为之奋斗。

詹姆斯·H.罗宾斯在他的《敬业培训手册》中说："只有将自己的职业视为自己的生命信仰，那才是真正掌握了敬业的本质。"敬业精神是每个人进入社会和从业的基本资格、必备的素质和品德。很难想象一个不敬业的人能够在工作中尽职尽责、尽心尽力、干出好成绩。

"爱岗敬业"这个字眼几乎每个人都耳熟能详，却很少有人能道出其中的精髓。成功学大师拿破仑·希尔说："敬业为立业之本，不敬业者终究一事无成。"这句话给了我们最精辟的答复。

恪守机密，这是一种敬业精神

每一个人都希望有属于自己的隐私。在工作环境中也是一样，公司的机密就是公司的隐私，每一个公司的员工必须具备保守公司机密的职业道德，不该问的不问、不该说的不说，对于公司的各种事务不可以随便张扬。

现在的企业竞争越来越白热化，企业对公司的机密安全性越来越重视，因为一不留神就会给竞争对手以可乘之机。现实中，总有一些人经不住诱惑而出卖公司，泄露自己公司的商业机密。

有一位从美国留学回来的博士来北京找工作，这样优秀的人才，应该走到哪里都会受到别人的欢迎。然而，他的经历却恰恰相反，他不仅被多家企业拒绝，而且还成了这些企业永不录用的对象。这是为什么呢？

原来，博士毕业后在一家研究所与几位研究人员一起研发了一项重要技术，由于他觉得待遇太差，就带着那项技术的资料跳槽到了另一家公司做了副总。

不到两年，他又带着这家公司的机密跳槽到了更大的公司。在短短的 5 年时间，他先后背叛了不下 5 家公司，让北京所有的大公司都知道他的品行，于是不再用他。

直到最后，这位博士才发现，虽然自己能力很强，但没有一家公司敢接受他。这一刻，他才明白，最受打击的不是那些公司，而是他自己。因为一个被贴上"不忠诚"的标签的人，不仅企业不敢聘用他，就连身边的朋友也会远离他。

能力再强，你也需要一个平台才能赢得好的事业。想要让这个平台接受你，除了有能力之外，还需要有一颗忠诚的心。缺少了忠诚，谁也不会看上你的能力，海归博士被企业拒之门外，就在于他缺乏对企业的忠诚。

一个对企业不够忠诚的员工不可能把工作完成得很完美；一个对企业不够忠诚的员工不可能时刻把企业的发展和前途放在心上；一个对企业不够忠诚的员工，他的才华就失去了用武之地；一个对企业不够忠诚的员工时刻会给企业带来麻烦……这样的人即便是天才，即便现在被企业雇用，迟早也会被"扫地出门"。

也许你会说自己绝对忠诚，绝对敬业，绝对不会出卖公司的秘密，那你可能不了解维护公司机密的完整含义。有些时候，由于你守口不严、说话随便、思想松懈，说了不该说的话，就有可能无意中造成了泄密，给公司带来了不必要的损失，重者则会给企业造成一种极大的伤害，造成不可挽回的损失。这是下属对老板的一种极不负责的态度，势必会使老板在各个方面处于不利地位，这样的事情，即使只发生一次，也会使老板难堪，给老板留下不好的印象。

姜鑫来到一家企业已经一年了，当初老板明确说好等到他工作一年后就让他做技术总监，可是老板却一直都没兑现。一天，他看到老板的红人张强，就让张强帮他问问。

张强想：既然老板许了诺，就应该兑现，莫非其中有什么原因？于是，张强找了一个恰当的机会专门和老板谈起了这件事。

"这个人品格有问题，不能重用。"老板说。

"为什么呢？"张强问。

"他之前所在的公司是我们的竞争对手。有一天，他约我见面，说他掌握了那家公司的全部技术秘密，如果我肯高薪聘用他，他愿意将那些技术秘密奉献给我。我答应了他的条件，给了他高薪，但重用的事，一直不敢兑现。"老板说。

"你的意思是说，如果重用他，他掌握了你的秘密之后，也可能出卖你，对吗？"张强说。

"是啊，他是一个不够忠诚的人、一个卖主求荣的人！原来那家公司对他很不错，他出卖了老板，使得那家公司一蹶不振。有了第一次，肯定会有第二次，如果重用他的话，下一个受害的可能就是我！"老板说，"我非但不肯重用他，我还准备辞退他，但在做好准备之前，我不能让他知道，谁能保证他在得不到他想要的东西时会怎样疯狂地搞破坏呢？"

如今的人们，生活压力很大，为了缓解压力，难免抵抗不住诱惑，背叛自己的忠诚。但是你要明白，当你将企业的机密出卖给其他人，虽然这样做能让你获得一时利益，但长期下来，损害的将是你的职业声誉和前途。故事中的张强因为出卖忠诚而得到了一份高薪水的工作，却无法得到老板重用，在这家公司是没有发展可言的，这就是出卖忠诚的代价。

绝对不出卖企业的秘密是一种敬业精神，这关系到企业的成败，关系到上司的声誉与威望，更关系到你的前途和未来。身为员工，一定要牢记祸从口出的道理，对保密做到守口如瓶。保守公司的秘密是忠于公司的一种体现，是身为员工取信老板的重要一环。

与公司共患难就是最大的忠诚

每一个老板都喜欢对自己忠诚的人，尤其当企业经营出现危机的时候，仍然愿意跟他一起面对。然而，在工作中，总有一些人，特别是职场新人，他们认为自己与公司是对立的关系，忽略了二者还有统一的一面，因此，当公司遇到困难的时候，他们首先想的是另谋生路，至于公司是死是活，他们就完全不再顾及。

其实，员工应该具有与企业共风雨的意识，这是一个员工对公司忠诚的体现。与失败的企业形成鲜明对比的是，在成功的企业里，大部分员工能够找到自己与老板的共同利益所在，他们能够与企业同生死、共命运，即使企业遇到困难，他们也不会轻易离开。因为在公司出现危机的时候，与公司、老板一起共渡难关是经历人生的一种难得的机会，也是一种忠诚的投资，预示着未来的机会。

艾奇逊进入某计算机配件制造公司时，公司还很小，只有 13 个人，老板叫罗素，是一个只比艾奇逊大两岁的年轻人。就在艾奇逊到这家公司的半年后，公司接到一笔订单，为某计算机公司加工 20 万只硬盘，这对当时的公司来说已经是超级订单了，如果能成功地履行这笔订单，公司就会大大发展起来。为此，公司上上下下都忙碌了起来，将全部资金和相关资源都投入进去了。

然而，由于技术不过关，导致所生存的硬盘出现了严重的质量缺陷，20 万只硬盘被全部退货。这样的打击对于一个小公司来说根本无法承受。公司不仅没有赚到一分钱，还欠了银行一屁股债。银行知道退货的消息后，天天上门讨债，公司连水电费都无法支付了。

罗素通过多方求助，总算把发工资的钱借到了。发工资那天，他召开了员工大会，向员工陈述了公司面临的困难，并希望员工和他共同来应对困难。在了解了公司的困难情况后，很多员工提交了辞职报告书，不等罗素批准就收拾东西走了，但有一小部分员工却围在罗素的办公桌旁吵个不休，他们认为公司走到这一步完全是罗素的责任，罗素应该对他们失业这件事负责，应该给他们提供失业赔偿。

最后，他们还草拟了一份所谓的赔偿协议，逼着罗素签字。罗素并没有开除这些人，这些人却吵着要失业赔偿，其中很多人还是平日里经常向罗素表忠心的人。想到这些，罗素不免有些心寒，他把心一横，在那张显失公平的《赔偿协议》上签了字，同意 3 日内支付赔偿金。那些原本没打算要赔偿金的员工见罗素签字了，也草拟了一份差不多的协议要求签字，罗素也签了字。

人品，
看不见的竞争力

当那些员工们拿着协议书，提着各自的东西离开后，罗素以为整个公司就只剩下自己一个人了，但当他准备离开办公室的时候，却发现还有一个人安静地在办公桌前工作着，这个人就是艾奇逊。

罗素非常感动，他走到艾奇逊面前说："你还没有向我索取赔偿金呢？你如果现在要，我会给你双倍的赔偿，而且首先支付你。我现在已经身无分文，但我相信我的朋友愿意借钱给我。"

"赔偿金吗？"艾奇逊笑了笑，"我根本就没有打算离开，凭什么索取赔偿金呢？"

听到艾奇逊的话，罗素异常惊讶："难道你认为我们这家公司还有希望吗？不怕你笑话，我自己都没有信心了。"

"不！我认为我们公司还大有希望。你是公司的老板，你在，公司就在。我是公司的员工，公司在，我就该留下来。"艾奇逊说。

罗素感动得几乎流下泪来："有你这样的员工，我当然应该振作起来。可是，我不忍心你和我一起吃苦。你知道，如今我已经破产了，你还是快去找新的工作吧。"

"老板，我愿意和你吃苦。公司发展好的时候，我来到了公司，如今公司有困难了，我如果离开就太不道德了。只要你没有宣布公司关门，我就有义务留下来，你刚才不是说你的朋友愿意帮助你吗？如果你乐意接受我这个朋友，那么就让我来帮助你吧，我可以不要一分钱工资。"

艾奇逊留了下来，并把积攒的3万多美金全部借给了罗素。为了偿还银行的债务和员工的赔偿金，艾奇逊卖掉了仅有的一个加工车间和所有设备，卖掉了汽车。

在接下来的日子里，罗素和艾奇逊开始给一些软件公司寄销软件。因为是寄销，他们几乎不需要投入什么资金，公司很快有了转机，两个人在忍受了近半年挤公车、吃盒饭的日子后，公司又开始盈利了。过了一年时间，公司迎来了快速发展期，迅速发展成为一家中型软件企业，资产也由原来的负数变成了3000万美元。

有一天，罗素叫艾奇逊去他的办公室，"在公司最困难的时候，你没有离我而去，还给了我最大的帮助。在当时，我就想把公司的一半股权交给你，可当时公司那么糟糕，我怕拖累你，现在，公司起死回生了，我觉得应该把它交给你了，同时，我诚挚地请你出任公司总裁。"罗素说着，拿出了聘书和股权证明书，证明书上标明公司50%的股权归艾奇逊。

也许，每天你在公司里充当的都是默默无闻的小角色，和大多数员工一样很难受到老板的重视。在按部就班的情况下，老板不知道哪个员工是忠心耿耿、哪个员工是心机算尽。但是在企业面临困境、大多数员工都会选择离开或者另攀高枝的时候，如果你愿意为一个要倒闭或者不盈利的企业苦苦撑着，那么你就是最忠诚的员工。

忠诚是一种感情和行动的付出，有付出就一定有回报。一个忠诚并理解老板的员工最能赢得老板的赏识，也许他们在技术上、业务上并不是最出色的，但是在老板的心目中却是最优秀的。当有机会的时候，老板一定会首先想到提升这些员工。

有一个企业老总讲了这么一个故事。

就在一年一度的旅游旺季即将到来的时候，那位企业老总旅行社的业务被竞争对手揽走了大部分，这导致旅行社陷入了前所未有的危机。

他觉得对不起公司的员工，就对员工们说："现在，公司的资金出现了周转困难，如果现在有人想辞职，我会立刻批准。但要在平时，我会挽留，如今我已经没有理由挽留大家了。我会给你们发完两个月的薪水，在你们找到新的工作之前，这些钱可能还够用。"

"老板，我不能在这个时候离开。"一个员工说。

"老板，困难只是暂时的，让我们一起战胜困难、渡过难关吧！"另一个员工说。

"是的，我们大家都不会走的。"很多员工都表明了自己的态度。

于是，公司上下一心、共同努力，很快恢复了公司的经营业务。这家旅行社并没有倒闭，甚至比以前做得更好。事后，他深有感触地说："是员工的忠诚拯救了我的公司。"后来，他当着众员工的面表示给全体员工加薪。

可以说，真正拯救这家公司的不是员工有多么大的专业能力，而是他们的忠诚。当公司在发展过程中遇到了困难的时候，能够勇敢地与公司并肩作战、共同面对风雨，这是一个具有高度责任感和忠诚的人所具备的优秀品质，也是现在很多公司最需要的职业精神。

"疾风知劲草，板荡识诚臣。"逆境是考验一个人是否忠贞不贰的最佳时机。忠诚不是靠口头讲出来的，能够经受住各种考验的人才是真忠诚的。当公司经营出现危机的时候，往往最能检验员工的忠诚度，而且，在危难时刻，这种忠诚会显现出它可贵的价值。所谓患难见真情，当企业面临危机之时，亦正是检验员工忠诚度之际。

作为员工应该懂得感恩，所以在老板遇到困境时不应是选择离开或者旁观，而是能够以伙伴的关系帮助老板共渡难关，如此，相信你的点滴帮助会让他十分感动。你跟他于同一战线共患难，他自然对你充满了信任和感激。所以在企业遇到困难时，要勇于与老板共进退。

节约资源是忠诚的一种表现

任何老板都喜欢替他创造利润的员工。一提到利润，很多人都会想到如何把别人的钱变成公司的钱。但是，因为成本每天都在发生变化，大家习以为常，因此被我们忽略，最直接，也是最简单的创造利润的方法就是节约资源。一味地向外挖掘和索取利润，不如提高员工们的成本意识，厉行节约，这也是增加利润的有效途径。

在一家公司，一个员工的一个细小的浪费也许在短时间里看起来没有什么，但是如果所有员工都如此，时间一长，那么最后累积的数字将是十分惊人的。重视成本观念就意味着懂得节约，老板在维持公司运转的情况下，当然希望员工能够替公司节约成本，老板会把这些浪费现象一一看在眼里，如果想表达对老板忠诚，懂得节约是最好的方式。

有一位青年在美国某石油公司工作，他所做的工作就是巡视并确认石油罐盖有没有自动焊接好。这种工作非常枯燥、无聊，但是青年却发现，石油罐在输送带上移动至旋转台上，焊接剂便自动滴下，沿着盖子回转一周，用这样的焊接技术会耗费很多焊接剂，于是他想，是不是有改进的办法呢？

经过他的观察，他发现每次焊接剂滴落 39 滴，焊接工作便结束了，他想：如果他能为公司每次在焊接的时候减少一两滴，是不是能节省点儿成本？后来，经过他一番研制，他研制了 37 滴型焊接机。不过，利用这种机器焊接出来的石油罐偶尔会漏油，并不理想，为此，他又研制出了 38 滴型焊接机。这次改造非常完美，公司对他的评价非常高，不久便生产出这种机器，改用新的焊接方式。

在很多人看来，节省一滴焊接剂没什么了不起，但"一滴"却给公司带来了每年 5 亿美元的新利润。

这位青年就是后来掌握全美石油业 95% 实权的石油大王洛克菲勒。

一家大型企业的财务经理讲述过这样一个事实。

这家公司为了方便员工和财务部的工作，所有报销单都采用自动复写的特殊纸张，每张报销单为 A4 大小，成本为 1.6 元人民币。

财务部门一再强调请员工注意节约这种报销单，但是员工并没有放在心上，在填写报销单时填错了，就重新拿一张来用。财务部曾经做过一个统计，他们拿出去的报销单是收回的报销单的 3 倍，也就是说，平均每位员工填写一张正确的报销单就浪费了两张。每位员工平均一个月报销两次左右，这样算下来，每位员工平均每年浪费近百元人民币。可能单看一个员工还不觉得成本有多高，可是 1000 多名员工每年因填写报销单竟然就浪费了近10 万元。

由此可见，一个企业总是如此浪费，怎么能提高公司的效益呢？

一个真正有责任心、对公司忠诚的人，不仅要天天琢磨着如何为公司赚取利润，还要琢磨着如何为公司省钱，也只有这样的员工才能够得到领导的赏识和重用。

张新和陈强同时来到了一家公司应聘采购主管的职位。张新毕业于一所知名的商学院，而陈强则毕业于一家不足挂齿的民办高等院校，在很多人看来，两人之间的悬殊如此之大，这个职位非张新莫属。然而，最终的结果却出人意料，陈强留了下来，而张新只能另谋高就。

很多人对此非常不理解。其实在张新和陈强面试的过程中，两人的能力可以相提并论、不分上下，而经验上也各有千秋。无奈之下，总裁亲自出马，他提出了这样一个问题："假如公司派你去某个地方采购 999 支价格为 0.8元一支的钢笔，你需要带多少钱去？"

张新和陈强两人不甘示弱，张新在思考了一分钟后很自信地回答："我只带 1100 元就够了。我就拿 1000 支价格为 1 元钱的钢笔来计算，1000 支共需 1000 元，再加上路费，搬运费等，1100 元就足够了。"

听了张新给出的答案，总裁只是点了点头，并没有最终表态，而是将目光转向了陈强。陈强这个时候好像还没有得出最终的答案，在停顿了半分钟后才回答道："我需要带 854.2 元去，我是这样认为的，999 支钢笔，一支是0.8元，一共需要 799.2 元钱，乘车来回的路费一共是 40 元，午餐费我按 10 元计算，从车站到咱们公司还有大概 1 公里的历程，找一个人跟我一起搬钢笔需要 15 元，所以最后带 854.2 元就够了。"

听了陈强的回答，总裁脸上终于展现出了满意的笑容，最后决定录用普通院校毕业的陈强，而不是高材生张新。

张新由于自己在计算的过程中没有精打细算，而是囫囵吞枣似地给出了大概的数字，他没有从公司的角度分析问题，因此，哪怕他的能力再强，也没有得到总裁的重用。而陈强就不一样了，他注重的是每一个细节，是如何为公司精打细算，用最少的费用完成任务。

节约是永不过时的优良品德，你为自己节约，体现出了你对自己的人生负责；你为公司节约，体现出了你对公司的忠诚。用最少的费用为公司带来最大的收益不是一句空话，必须落到实处，从点点滴滴的小事做起，将自己视为公司的主人，时刻秉持最有效地运用公司金钱的原则。

所以，漫步在你的职业生涯中，要增加自己的竞争力，你不仅需要在自己的专业技能上提升，还需要在头脑中树立为公司节约资源的意识、养成为公司省钱的习惯，对公司、对工作、对自己做到尽职尽责。做到了这一点，无论你走到哪里，相信都会受到企业的青睐和老板的欢迎。

第 11 章

兢兢业业

——你所做的一切，别人都看在眼里

在职场中，一个永恒不变的的事实是：职位的升迁、薪水的提高是建立在把自己的工作做得比别人更完美、更正确、更专注而不计报酬之上的。这体现了你的责任心、你的牺牲精神以及解决问题的能力和品行问题，你会因为它们而获得成功。

糊弄工作就是糊弄自己

在一些公司总会出现一些紧张的氛围：员工抱怨老板太苛刻、老板总是像监工一样监督自己是否在工作；老板则抱怨员工不能尽职尽责，一转身的工夫就糊弄工作，没有监督就无法工作。

确实，有些老板过于苛刻，他们总是希望在工作时间，员工能把所有的精力都放在工作上。但是，作为员工，我们是否也应该自我检讨一番呢？任何人都无法否认，糊弄工作这种行为存在于各个公司和组织之中，已经成为当今社会的痼疾。世界上绝顶聪明的人很少，绝对愚笨的人也不多，一般人都具有正常的能力与智慧，但是，为什么许多人却无法取得成功而沦为平庸者呢？

其实，原因很简单，因为平庸者总是在想着如何糊弄工作，这些人希望到达辉煌的顶峰，却不愿意经历艰难的道路；他们渴望取得胜利，却不愿意作出牺牲，最后受伤的往往是他们自己。

从前有个手艺高超的老木匠，他做的活儿总能得到东家的好评，他的理想就是靠自己的劳动让自己和家人住进一栋宽敞精美的房子。可是，他做了一辈子的木匠活儿，也没有攒够钱买上一套房子。于是，他整天愁眉苦脸的。东家看他辛苦操劳了一辈子，便想给他一个惊喜，让他的晚年过得开心点儿。

于是，东家挽留老木匠先别急着退休，再给自己建造最后一座房子。老木匠看了看图纸，那房子很大，也很费工，想着自己辛苦操劳了一辈子，还要让家人跟着自己住在贫寒的小木屋里，他心里有些不痛快，满肚子的牢骚。

老木匠依旧像从前一样每天干活，可他不再像以前那样敬业负责了，他每天嘴里似乎都在说："我都这么大岁数了，还要给别人做苦工，真是命苦！这辈子都在给别人建房子，可自己却住不上。"老木匠越想越生气，看到自己将要建成的房子会很大、宽敞，又不知道将来是谁住在这里，心里更是憋屈。

这样想来，他更没有心思把精力用在工作上，每天都是敷衍了事，用的是软料，出的是粗活，只想着房子不塌就行了。可是，当房子建好的时候，发生了一件意外的事，东家把大门的钥匙交给了老木匠，说："你辛苦了这么多年，我想给你一件意外的礼物，这座房子就是你应得的报酬，让你的老伴和孩子们都住进来吧！"

听到这番话，老木匠目瞪口呆，他简直不敢相信。惊讶过后，他立即又开始后悔和抱怨，埋怨自己竟然错失了良机。如果他早知道这座房子是给自己建造的，他怎么可能那样偷奸耍滑呢？可惜，说什么都晚了，如今他也只能住进一幢粗制滥造的房子里了。

对工作负责就是对自己负责，这样的人才显得成熟稳重、品德高尚，并会因为这种工作态度得到回报。而一个对工作不负责、对自己不负责的人，也许在短时间里靠糊弄工作、投机取巧能获得一些好处，但是从长远来看，则是有百害无一利，因为你所做的一切，也许老板暂时不知道，但时间一长，老板自然就会对你知根知底。

无论在什么地方，那些糊弄工作的人往往会成为裁员的"热门人选"。对于一个企业来说，拥有责任心、敬业的员工，企业的发展才能蒸蒸日上。如果公司内有太多的"糊弄员工"而不及时剔除的话，那么就会如一个烂苹果一样迅速使箱子里的其他苹果也腐烂掉一样，他们也会使企业慢慢腐蚀掉。

工作就像一面镜子，你怎样对待它，它就会怎样对待你。

詹姆斯和哈里是同班同学，两个人大学毕业后，恰逢法国经济动荡，都找不到适合自己的工作，便降低了要求，到同一家工厂应聘。恰好，这家工厂需要两个打杂的职员，老板问他们愿意不愿意干。詹姆斯思索了一会儿，便决定做这份工作，因为他不愿意依靠领取救济金生活。

尽管哈里也做了这份工作，但他迫于生计，愿意留下来陪詹姆斯一块儿干一阵子。因此，哈里上班时懒懒散散，每天工作时都敷衍了事。一开始，老板认为他刚从大学毕业，缺乏锻炼，再加上恰逢经济动荡，也同情这个大学生的境遇，便原谅了他。

然而，哈利在内心深处对这份工作有着很强的抵触情绪，每天都在应付自己的工作。结果，他只在这家工厂待了3个月就被老板辞退了，于是哈里不得不又回到社会上，重新开始找工作。当时，社会上到处都在裁员，哪儿有适合他的工作呢？于是他不得不依靠社会救济金生活。

相反，詹姆斯在工作中抛弃了自己作为高等学历拥有者的身份，完全把自己当做一名打扫卫生的清洁工，每天把办公室的走廊、车间、场地都打扫得干干净净。老板觉得詹姆斯是一个对工作特别负责的人，决定培养他，于是安排他给一些高级技工当学徒。由于他工作积极、认真勤快，一年后，他便成为老板的助理，而哈里此时还在拼命地工作，他认为自己是高等学历拥有者,应该属于白领阶层。后来,虽然他找到了一份不错的工作,但由于做事不负责,把活儿干得一塌糊涂,终于在某一天又回到街头去寻找工作了。

在职场中,像哈里这种人并不少见,他们这种不负责、不认真或者自以为是的行为会造成一些很不好的影响或后果,在他们以后的人生道路上,说不定在什么时候会突然显现出来,让他们对当年的行为追悔不已。

工作中,没有任何事情可以随意糊弄,你种下什么种子,将来必定收获什么样的果子。有些人认为自己拥有出众的才华,前途一定充满了光明,可是如果你对工作、不负责、不敬业,你就无法把你的能力全部释放出来。职场中的无数实例都生动地证明了这样一个道理:如果你总是试图糊弄工作,可能表面上看起来会节约一些时间和精力,但结果却往往是浪费了更多的时间、精力和金钱。

在职场中,只有对工作极度认真负责的员工才是真正的聪明人。职场中,提升最快的往往是那些工作认真、踏实肯干的人。而那些表现欠佳、当一天和尚撞一天钟、熬到每个月发工资的那一天就算"万事大吉"的人往往是公司最先考虑的辞退对象。因为,应付公作、糊弄工作的员工最有可能成为公司裁员的对象。

乐于为工作作出个人牺牲

孟子有云:"天将降大任于斯人也,必先苦其心志,劳其筋骨,饿其体肤……"这是我们很熟悉的一句话,这句话告诉我们,只有经历磨难才能获得成功。不过这句话还有另外一层很深的含义,那就是只有乐于为工作做出牺牲,你才能成为非同一般的人。

牺牲是一种崇高的品德,一些人仅仅把工作看成是谋生的手段,不愿做任何一点儿牺牲。企业要竞争、要生存、要发展,这样的人会让老板感觉他们跟公司不在一条船上,是根本指望不上的,一旦公司要减员增效,第一个裁掉的人肯定是他们。相反,在别人都不愿意牺牲的情况下,你主动付出,能为工作做出牺牲,也许老板暂时不会给你回报,但是你所做的一切,他都看在眼里,只要时机一到,老板就会对你委以重任,给你加薪晋职。

罗宾是从事铁路路基工作的一个普通工人,有一天,他正在和他的伙伴们顶着炎炎烈日在铁路的路基上挥洒汗水的时候,前来视察工作的铁路总裁威尔逊叫他过去聊天。他们俩曾是一起工作的老朋友,在进行长达1小时的愉快交谈后,两人热情地握手道别。

威尔逊走后,罗宾的同事马上包围了他,他们对于罗宾是铁路总裁的朋友这一点感到既好奇又震惊,大家纷纷要求罗宾将他与总裁的故事和盘托出。

罗宾无奈地解释说,20多年前,他和威尔逊是在同一天开始为这条铁路工作的,并且当年是最要好的朋友。听罗宾这么说,有一个半信半疑的工友开玩笑地问:"威尔逊都成总裁了,你怎么仍然还在做这样的体力活?"

罗宾沉思了一下,有点儿惆怅地说:"当年我们的工作薪水是1小时1.8美元,可以说相当低。我当时对这份工作很不满意,但也无可奈何,可威尔逊却对这份工作特别上心,他几乎把全部的时间花在铁路上,每天下班之后还能看到他在铁路上忙活,而我和其他人早就去酒吧喝酒消遣去了。在休息日的时候,也难得见他离开铁路,他总是沿着铁路行走,检查铁路的建设情况。即使他生病了,只要能爬起来,你就一定会在铁路附近看到他。如果这样的人当不了总裁,谁还能当总裁?"

很多人也许都有这样的心理:凭什么人家那么年轻都成为了公司老总?而自己还是一个小小的职员?说这种话的人,如果只是发发牢骚也就罢了,但是如果总是把这种话挂在嘴边,那么他这辈子恐怕就只能永远当一个小小的职员。他们应该想到:人家位置比你高、薪水比你高,肯定是比你付出得更多。

有付出，就说明做出了牺牲，能为别人牺牲，别人会感激你；能为工作做出牺牲，公司会报答你。牺牲就是一种优良的人品，为工作做出牺牲更是一种完美的敬业精神的体现。具有这种精神的职业人在工作中往往能得到比薪水更多的回报。不愿意为工作做出牺牲的人，往往是止步不前的人。

你想要成长起来，必须经过打造和锤炼，而个人的牺牲就是再好不过的机会。为什么不让自己更多地经历坎坷、让自己成长得更快呢？几年后，你再回过头来看看，你就会发现，牺牲远比平淡的工作和生活有趣，同时你也变得比以前更加强大了。

不经历风雨永远不会见到彩虹，没有人能随随便便成功。对工作的牺牲精神就像彩虹到来前的风雨一样，努力坚持就会过去，美好的天空会随之出现。综观任何伟人的成长历史，你会发现他们都有一个共同点，那就是具有一种超强的牺牲精神。

当松下公司刚开始制造收音机时，生产出来的产品有很多故障，调整起来也非常困难。听众常因收音机出现故障而听不到想听的节目，并常常感到遗憾。松下幸之助由此产生了一种强烈的愿望：一定要研制出没有故障、使用方便的收音机。

松下幸之助对负责技术的员工说："赶紧设计出新型的收音机。"员工听了很吃惊，说这太难了，希望给予充足的时间来研究。他的话很有道理，因为当时松下电器创业的时间很短，只能生产配线器和电热器，也没有设计收音机的专家。

松下幸之助鼓励他："你说得很有道理，但请你看一下你戴的手表，在那么小的地方安装了许多零件，它不也在正常运转吗？收音机也不是不可能做到这一点，关键看你是否有必胜的信心。"于是那位技术负责人下定决心，无论如何也要设计出来没有故障、使用方便的收音机。

为了制造出没有问题的收音机，这位负责人放弃了休息，夜以继日地沉浸于认真开发之中，结果仅用了 3 个月时间就制造出在当时的技术条件下近乎理想化的收音机。这位技术负责人后来被松下幸之助提拔为工厂主管，用来感谢他的牺牲精神。而那位负责人也感慨道："原本看上去不可能完成的任务，居然这么轻易就被完成了。一个人如果能有为工作牺牲的精神，似乎什么问题都难不倒他啊。"

是的，只要有了牺牲的精神，一切问题都会迎刃而解。这个故事的主角不是松下幸之助，而是这位技术负责人。他牺牲了自己的时间和精力，帮助工厂做到了技术创新、打开了市场，为以后松下在日本市场的扩张打下了基础。所以，当老板给你布置一项任务时，先不要因为困难而惧怕，试着用"牺牲精神"来战胜它，日后，你会明白，今日的牺牲是你明日风生水起的开始。

你牺牲得越多，你为公司创造的价值也越多，你得到的回报也越多，这是个多么好的循环啊。所以，别取笑那些乐于为工作做牺牲的人，而要努力成为这样的人。

做好每一件小事

在工作中，我们经常会听到这样的声音："老板也真是的，总是让我做些芝麻大的小事，我可不是来打杂的。""上司真有毛病，我可是研究生，却让我干……"等等。这些人认为，在工作中，自己不应该把精力放在这些小事上，而应该把精力放在重要的事情上，对于那些没有多大价值的事情，没有必要去耗费什么精力。

然而，究竟什么事情才算得上是"具有大价值的事"？其实，在工作中无小事。认真对待每一件事，认认真真、勤勤恳恳，这样的人才会赢得上司的青睐。要知道，没有哪一件工作是没有意义的，只有工作中的每一个部分都没有缺陷，整体的工作才完美。所有的成功者都是从小事做起的，唯一的区别就是：他们从不认为他们所做的事是简单的小事。

在一家制造厂，有一位叫做索克的年轻人，他在工厂里专门负责卸下螺丝钉的工作。对于他来说，这份工作一点儿意思都没有。他本来是不打算继续做下去了，但是由于自己没有学历，也没什么技术，并且目前经济又不景气，于是他打消了换工作的念头。面对着这份让他觉得乏味的工作，他开始想办法让自己对工作感兴趣。

于是，他和旁边操纵机器的工人比工作的速度：一个负责磨平螺丝钉头，另一个负责修整螺丝钉的直径，他们比赛看谁完成的螺丝钉多。当然，每次都是索克胜出。久而久之，工厂的负责人对索克能快速地完成工作留下了深刻的印象，半年后，便提升他到另一个部门做主管。然而，这只是一连串升迁的开始。

20年后，索克成了制造厂的头儿。假如他当初没有改变自己对工作的态度，没有好好干自己眼中的"小事"，也许现在仍然是个机械工。

年轻的索克没有学历、没有经验、没有技术，在短短的半年多的时间，从一个普通机械工成为一个部门主管，最后成为这家制造厂的头儿，这一切是索克的运气好吗？当然不是。索克的成功不是偶然的，他对于打磨螺丝钉这样的小事表现出了一般人所不具备的毅力，这就是当初工厂负责人欣赏他的重要原因。

成功不是偶然的，一个人对一些小事情的处理方式已经昭示了他获取成功的必然。如果你能够以一种良好的心态对待工作，哪怕是小事也能全力以赴、做到尽善尽美，那么你何愁做不成大事、得不到老板的赏识？即使你的能力比别人稍逊一筹，但是只要你对任何一件小事、任何一个细节都认真对待、关注，每做一件事情都全身心地投入、充满激情，那么你终究有一天会成功。

人品，
看不见的竞争力

有一位法国的商务经理经常委托东京的一家贸易公司的小姐为他购买来往于东京与大阪之间的火车票。几次下来，这位经理发现，自己每次去大阪时，座位在右窗口，返回东京时，座位在左窗口，于是经理好奇地询问小姐其中的缘故。

小姐笑着回答道："火车去大阪时，你坐在右边就可以观赏到富士山美丽的景色。当你返回东京时，富士山已经在你的左边了，所以，我就给你买靠在左窗口的车票。"

这位小姐的话让法国经理大吃一惊，没想到自己会享受到这么体贴入微的服务。这件事促使他对这家日本公司的贸易额由200万法郎提高到1000万法郎。他认为，这家公司的职员连这么一件细小的事情都能想得这么周到，那么跟他们做生意还有什么不放心的呢？而这家贸易公司的老总得知这件事后，不久就升了那位小姐的职。

关注小事，体现出了一个人的责任心以及修养和品德。很多人只想完成大事，认为这样才能获得老板的赏识，可是却忽视了任何一件大事的完成都是在一件小事很好地完成的基础上累积起来的。无论在生活上还是工作上，都没有不值得做的小事，不屑于做小事的人必然无法完成大事。

阿基勒特是美国标准石油公司的一名普通职员，但不管在什么地方，只要需要签名的话，他都会在自己签名的下方写上"每桶4美元的标准石油"字样。

因此，同事们给他起了个"每桶4美元"的绰号，他的真名反而没人叫了。

董事长洛克菲勒得知这件事后说："没想到竟有职员如此努力宣扬公司的声誉，我要见见他。"于是他邀请阿基勒特共进晚餐。后来，洛克菲勒离任，阿基勒特成了第二任董事长。

在签名的时候署上"每桶4美元的标准石油"，这本是件很小的事，而且严格地说，这件小事还不在阿基勃特的工作范围之内，但阿基勃特不仅做了，而且把这件小事做到了极致。那些嘲笑他做这件事的人中肯定有不少人的才华、能力都在他之上，可最终只有阿基勃特成为了董事长，这不得不值得我们深思。

士兵每天所做的工作就是队列训练、战术操练、巡逻等小事；旅店的服务员每天的工作就是打扫房间、整理床单、对顾客微笑、回答顾客的提问之类的小事。他们是否对此感到厌倦、心里有了懈怠？请记住：这就是你的工作，而工作中无小事。要想把每一件事做到完美，就必须付出你的热情和努力。

可是，仍旧有一些人因为觉得事情小而不愿意去做，或对这些事抱有一种轻视的态度。有这么一个故事。

开学第一天，苏格拉底对他的学生们说："今天我们只做一件事，每个人尽量把胳臂往前甩，然后再往后甩。"说着，他做了一遍示范。

"从今天开始，每天做300下，大家能做到吗？"苏格拉底问。学生们听后都笑了，这么简单的事，谁不会做呢？一年后，当苏格拉底再问的时候，全班却只有柏拉图一个人坚持做到了。

谁都会这样想："这么简单的事，谁做不到呢？"但是，综观所有的成功者，他们之所以成功，与普通人唯一的区别就是他们从不认为他们所做的事是简单的小事。

无论是"每桶4美元"还是"把胳臂往前甩，然后再往后甩"，它们都要求人们必须具备一种锲而不舍的精神、一种坚持到底的信念、一种脚踏实地的务实态度、一种自动自发的责任心。小事如此，大事亦然。把小事做好了，才会顺利地为你铺平做大事的路。

主动进取，超出老板的期望

在工作中，如果你完成的每一项工作都达到了老板的要求，那么很好，你可以称得上是一名称职的员工，会得到这份稳定的工作，或许还可以得到晋升，但是你永远无法给老板留下深刻的印象，永远无法成为老板的重点培养对象，也永远无法在公司中达到你事业的顶点。

为什么呢？因为做好工作在老板看来，你只是完成了你的责任与使命。要想让老板对你眼前一亮，你需要做的是超过老板对你的期望，这样才能使老板在遇到一些高难度工作的时候想起你，给你一个锻炼的机会。

如何才能超过老板的期望呢？答案是做一个主动工作的员工。一个主动工作的员工对于老板来说是最值得信任和培养的员工，因为他能够为企业创造出更多的价值。对于员工个人来说，也同样是一件好事，因为主动工作能为自己赢得更多的机会。

李燕是一家大饭店的老板。在不了解她出身背景的情况下，很难想象她是一个从偏远山区走出来的小姑娘，甚至连小学都没读完就到城市来打工，如今，她的一切都是靠她自己对待工作的认真投入以及自己的辛劳一步步获取的。

李燕刚来到城市的时候，没什么技能，也没有知识，她当时最好的选择只有去餐馆做服务生。当然，在常人看来，这是一个很难有发展的职业，但李燕却不这样想，她相信自己能做出一些名堂来。

一开始，她就表现出了极大的耐心，并且彻底将自己投入到工作之中。过一段时间以后，她对那些常来的客人就比较熟悉了，平时留意他们的口味，变着花样在他们原来口味的基础上推荐饭店的其他特色菜肴。

她那热情而周到的服务使客人们高兴而来，满意而去。长此以往，李燕不但赢得了顾客的交口称赞，也为饭店增加了收益，这些增加的收益往往是她极力推荐饭店特色菜的结果。不仅如此，当别的服务员只照顾一桌客人的时候，她却能够独自招待几桌的客人。

渐渐地，老板也被这个从大山里走出来的姑娘的热情投入感动了。就在老板准备提拔她做店内主管的时候，她却婉言谢绝了，原来有一位投资餐饮业的顾客看中了她的才干，准备投资与她合作，资金完全由对方投入，她只需负责公司的管理和员工培训，并且对方郑重承诺：她将获得新店20%的股份。

果然，李燕不负所望。在她的管理下，这家饭店的业绩节节升高，如今这家饭店已经成为国家首屈一指的几大饭店之一。

主动工作是一种敬业的精神，体现出了你对工作高度的责任心，所以一般老板都会特别关注这些员工。李燕的故事也证明了一点：没有平凡的工作，只有平凡的人。

在职场中，主动工作的人不管是经验、技能还是机会，总能比那些只是听命行事或是一味消极抱怨的员工获得更多。世界著名的成功学家拿破仑·希尔曾经说过："主动执行是一种极为难得的美德，它能驱使一个人在未被吩咐应该去做什么事之前就能主动地去做应该做的事。这个世界愿对一种人给予大奖，包括金钱和名誉，那就是主动执行的人。"

现在，很多员工在工作中的状态是每天准时上下班、不迟到不早退，在公司规章制度的压迫下工作，他们认为只要不违反公司规定、听从老板的命令就可以了。抱着这种态度工作的人永远不会获得发展的机会。这种被动工作的人很难投入自己的热情和智慧。尽管他们是在循规蹈矩、按部就班地工作，却只是机械地完成任务而已，并没有发挥自己的创造性和主动性。因此，他们也很难得到成长。

诚然，在工作中，服从上级的命令很重要，没有哪个老板喜欢总是跟自己唱反调的员工，一个经常违反公司规章制度的员工迟早会被淘汰出局，但是除了服从命令以外，更加受到老板重视的就是员工个人的主动进取精神。

许多公司都在寻找那些能够主动工作的人，或是努力把自己的员工培养成主动工作的人。一个能主动工作的员工即使当老板不在场的时候，也能够脚踏实地工作，能够自觉而出色地完成自己的工作，而那些整天抱怨工作的人是不可能积极主动地工作的。一个主动工作的员工对于工作的责任和意义有着深刻的理解，并随时准备展示自己的全部才华，因此，他们总能够从工作中得到更多的回报。

一位叫安妮的秘书决心为自己的工作"增值"。她发现老板要花很多时间给固定的客户回信，因此有一天，她主动将那些回信写好，老板只要签上名就可以。

老板看过后很高兴，因为写信这种工作占用了他太多的时间，让他没有充足的精力去做其他的事，而他又不能忽视写信这项工作，于是他鼓励安妮多写一些。

安妮知道这是一次来之不易的机会，于是，她又自费参加研习课程，加强文字处理、编辑及准备书面报告的技能，以便更好地为老板处理相关事务，而老板也放心地把任务交给她。几个月后，老板把安妮叫进办公室，当面感谢她的努力，并将她的薪水加了一倍。

由此可见，成功并不像想象中的那么难，只要你主动。很多人想的只是老板付我多少薪水，我就给老板干值多少钱的活，或者把本职工作做好就行了。这种想法是大大错误的，因为算计薪水工作的人永远无法展现出自己更大的价值，永远也突破不了那个薪水的数目。

机会往往不会自动而来，它需要你付出。要想获得更多成功的机会，你就必须积极主动地工作。如果你总是只在老板注意时才有好的表现，那么你永远也无法达到你想要的成功。如果你做的比老板期望的还要多，那么你就永远不用担心没有获取成功的机会。

在任何一个公司里，当有升职机会时，老板首先想到的一定是自己动手去克服困难的员工、那些主动请命为公司工作的员工，而不是那些老板不交代就不会自己找事做的员工、那些接到任务时会找借口的员工。

因此，如果你总是能够保持着主动率先的工作精神，你就能够最终登上事业的成功之梯。

拒绝"差不多"的工作态度，不断地改进工作

比尔·盖茨时常这样训诫员工："如果大家觉得做得够好了，那么，微软离破产就只有 18 个月了！"比尔·盖茨是在告诫员工，不要满足于既得成绩、不断改进自己的工作、不断追求卓越，这样才能不被时代淘汰。

在越来越追求完美的今天，不断改进你的工作已经变得尤为重要。只有不断地改进自己的工作、追求细节上的没有任何差错，才能让自己不断地得到提高，也才能让自己的工作不断地做到更好。要想让自己能在公司里有更强的竞争力，那么就一定要把工作做到最好，而要把工作做到最好的前提条件则是你必须在工作中不断地改进自己的工作方法、改变自己的工作思路。

因此，在日常工作中，你就应该在不断地改进自己工作的过程中将工作做到最好，追求尽善尽美。

有个职业经理人讲了他刚进职场时的一个故事。

那年，他大学毕业，刚进公司就接到老板交代的一项任务：为一家知名企业做一个广告策划方案。

由于是老板亲自交代的，他不敢怠慢，认认真真地做了半个月。

人品，
看不见的竞争力

半个月后，他拿着这个方案走进了老板的办公室，恭恭敬敬地放在老板的桌子上。谁知，老板看都没看，只说了一句话："这是你能做得最好的方案吗？"

年轻人一怔，没敢回答，因为他肯定老板的水平一定比他高。由于自己没有足够的经验，对于他来说，能做到这样已经是最好的了。不过，他什么也没说，拿起方案走回了自己的办公室。

年轻人苦思冥想了好几天，然后又向一些前辈们请教，将方案修改后交上，老板还是那句话："这是你能做的最好的方案吗？"年轻人心中忐忑不安，不敢给予肯定的答复，最后，还是拿回去再作修改。

这样反复了四五次，最后一次的时候，年轻人信心百倍地说："是的，我认为这是最好的方案。"老板微笑着说："好，对于这个方案，我很满意。"

有了这次经历，年轻人明白了一个道理：有的时候，不是对工作尽力与否的问题，而是你是否愿意不断地改进。从此以后，在工作中，他经常自问："这是我能做的最好的方案吗？"然后再不断进行改善。不久，他就成了公司不可缺少的一员，老板对他的工作非常满意，后来，这家公司不断发展壮大，而这个年轻人也因为不断地改进自己、能力提升得非常快而被提拔为设计总监。

是的，如同人的身体能够保持健康活泼是因为人体的血液时刻都在流动、更新一样，作为公司的一名员工，也只有对自己的工作不断进行改进，才能在工作中受益无穷而不断地得到成长，最终取得骄人的成就。

现在有很多人不愿意改进自己的工作，就算领导或者老板让他们改进，他们也不愿意。因为在他们看来，这样已经够好了，但是他们的工作真的就没有任何值得改进的吗？当然不是。很多工作都无法一次性做到完美，并且很可能存在这样或那样的漏洞，你只有不断地改进，才能让这些漏洞消失。

改进是一种进步、一种成熟的标志，同样也体现出了一个人的品质是没有任何问题的。这样的人往往能发挥出更大的力量，有更大的空间做更多的事。改进工作，其实最主要的就是对自己的工作提出质疑：难道我只能做到这样了吗？是不是还有什么问题呢？

某毛巾厂陷入了危机，因为他们生产的毛巾总得不到消费者的欢迎。他们有心改造产品，但是想来想去，除了质地、颜色、图案这些老话题之外，实在想不出有什么其他的方法。有个员工提议，应该让毛巾的图案生动活泼起来，使消费者觉得既实用又有趣，这样才能压倒他人、拔高自己。

主意是不错，可办法在哪里？提出建议的那名员工带着这一目标找到了一种特殊染料。后来，工厂用这种特殊染料生产出了变色毛巾，这种毛巾的图案奇特：毛巾干燥时的图案是猪八戒背媳妇，泡水后的图案是猪八戒背唐僧；干燥时的图案为贾宝玉娶薛宝钗，泡水后的图案变为贾宝玉牵手林黛玉；干燥时的图案是小学生刻苦攻读，泡水后的图案变成戴上博士帽的大小伙……各式各样、应有尽有。

这种毛巾上市后，受到了消费者极大的欢迎，而那位提出要让毛巾图案活泼起来的员工也得到了回报，成为了这家工厂的负责人的股东之一。

工作做完了，并不表示不可以改进了。在对成绩满意的同时，仍要抱着客观的态度找出毛病、发掘出未发挥的潜力、创造出最佳的业绩，这才是一个最优秀的员工应有的表现。

你是否能够让自己在公司中不断得到成长完全取决于你自己。如果你仅仅满足于现在的表现，凡事都做到"差不多"或者"将就"的程度，那你在公司的地位永远都不会变得更加重要，因为你根本就没有做出重要的成绩。

当公司赋予你一项重任时，你一定要做到超越公司的期望，千万不要只满足于得过且过的表现，要做就要做到最好。在追求进步方面，不要做到适可而止，一定要做到永不懈怠；在知识能力方面，不要满足于一知半解，一定要做到融会贯通，只有如此，你才能成为公司中不可或缺的人物，才能成为公司发展天平上更重的一个砝码。

一袋刚从超市买来的牛奶，如果放着不喝，那么它不久就会过期，失去任何价值。在如今的社会，你的工作也是如此，倘若每天都按部就班地去做，那么你就无法面对出现的新问题，工作自然无法有什么大的进展。因此，每个员工都必须在每天的工作之中有所改进，这也是一种进取的精神，而在我们的职场中，进取精神又显得尤为重要和可贵。因此，从今天开始，从此刻开始，用一颗进取的心来改进你的工作吧。

让问题的皮球止于你

员工的首要职责就是工作。老板付给你薪水，你为老板工作，帮他解决问题和麻烦。然而，在工作中，有些人总是想着如何付出得更少、得到得较多，甚至有些人还专门给老板制造麻烦。这不仅说明了这些人对工作没有一点儿责任心，甚至还体现出了他们的人品不佳。

作为一名员工，首先就要记住：你是来解决问题的，而不是制造问题的，否则老板只好请你走人。

作为一名火车上的后勤人员，罗斯因为聪明、和善而受到乘客们的欢迎。一天晚上，因为突然下了暴风雪，火车晚点了，罗斯看来要在寒冷的冬夜加班了。罗斯十分不情愿，他在想如何才能逃掉夜间的加班。与此同时，火车上的列车长和工程师正在为这场暴风雪担忧。

就在这时，火车发动机的汽缸盖被风吹掉了，不得不临时停车；而另外一辆快速车几分钟后又要从这条铁轨上开过来了，于是列车长匆忙跑过来，命令罗斯拿着红灯到后面去警戒。

罗斯心里想：那里不是有一名工程师和另一名后勤人员在守着吗？便笑

着对列车长说："不用那么着急，后面有人守着呢。等我拿上外套就过去。"

列车长一脸严肃地说："一分钟也不能等，否则就要出大祸了。"

"好的！"列车长听完罗斯的答复后又匆匆忙忙向火车的发动机房跑去。但是，罗斯并没有立刻过去，他认为后车厢有一位工程师和一名后勤人员在那儿守着，自己没必要那么着急穿过车厢过去。他喝了几口酒，这才吹着口哨，慢悠悠地向后车厢走去。

当他走到离车厢十来米的地方时，才发现工程师和那位后勤人员根本不在里面。原来，他们已经被列车长调到前面的车厢去处理另一个问题了。罗斯加快速度向前跑，但一切都晚了，罗斯眼睁睁地看着那辆快速列车的车头撞在了自己所在的这列火车上，他自己也丧命于这次事故之中。

罗斯明明已经知道了问题，却没有去积极地解决问题，而是任其发展，将希望寄托在其他人身上，结果酿成了惨祸，连自己的性命也搭了进去，实在是不应该。回避问题并不能使问题得到解决，相反还可能因拖延而使问题变得更严重。所以，只有积极面对、勇于行动才是最终的解决之道。

其实，工作中出现问题并不可怕，因为工作本身就是要解决问题，可怕的是出现了问题却没有得到及时解决，这样的直接结果是公司利益受损，间接结果是你在上司的眼里成为了一个不能解决问题的员工，那么上司就会觉得你不能胜任这份工作，或者这份工作根本就不适合你。

美国的杜鲁门总统上任后，在自己的办公桌上摆了个牌子，上面写着"问题到此为止"。意思就是说："问题出现了，自己就负起责任来，不要把问题丢给别人，也不要把希望寄托给别人。"由此可见，负责是一个人不可缺少的精神。大多数情况下，人们会对那些容易解决的事情负责，而把那些有难度的事情推给别人，这种思维常常会导致人们工作上的失败。

有一个著名的企业家说："职员必须停止把问题推给别人，应该学会运用自己的意志力和责任感着手行动，处理这些问题，让自己真正承担起自己的责任来。"

有一位订单采集员说了这么一个故事。

有一天，我接到一位客户的电话，说他有些问题需要我来解决。可正当我问他是什么问题的时候，他的电话断线了。我打了几次都无法打通，我想，一定是他那边的联系电话出了问题。于是，我就发了一个短信给他，让他拨打了所在县分公司配送部的电话。没想到配送部接电话的工作人员让他拨打客户服务部的电话，客户服务部的工作人员让他拨打区客户经理的联系电话。

而这位客户经理又让客户拨打订单采集员（我）的联系电话。由于已经快到了工作流程的收尾时间，而且他所需要的货物数量有限，甚至已经销售完毕，我根本无法满足他的需要。这引起了他的强烈不满，他不仅强烈地抱怨、投诉我，而且还跑到我们总部大闹，并愤愤地说以后再也不买我们公司的东西了。

在这个案例中，导致这种结局的人是谁？是订单采集员吗？不。是包括配送部、客户服务部以及客户经理在内的所有人员。

当然，他们每个人都能找到合适的理由来推脱责任，但他们都把问题往下一个环节推，既耽误了处理问题的时间，又让客户恼火，这样的责任，他们能推脱得了吗？虽然公司表面上没有遭受什么损失，但实际上损失的是公司。因为，当客户对你不满的时候，其实是对你的公司不满，明智的老板应该杜绝公司内部发生这种情况。

张成是一家煤炭公司的高级技工，月薪为 6000 元，而且年底还有两万元的奖金。如果有人知道他刚进入这家煤炭公司的时候没有任何学历，也没有任何技术，每月薪水只有 800 元，可能会惊讶。因为在短短的 10 年内，变化为什么这么大呢？

原因就在于，张成在工作上不断地解决问题。他遇到困难从来都不会退缩，他这种敢于担当的精神还让他练成了很多绝技，比如他有一副听漏的"神耳"，只要围着锅炉转上一圈，就能从炉内的风声、水声、燃烧声和其他各种声音中准确地听出锅炉受热面的哪个部位的管子有泄漏声；他往表盘前一坐，就能在各种参数的细微变化中准确判断出哪个部位有泄漏点。

在用火、压火、配风、启停等多方面，他都有独到见解。锅炉飞灰回燃不畅，他提出技术改造和加强投运管理的建议，实施后使飞灰含碳量平均降低到 4% 以下，使锅炉热效率提高了 6%，每年为企业节约了 32 万元。针对锅炉传统运行除灰方式存在的问题，张成提出"恒料层"运行方案。经实践，解决了负荷大起大落的问题，使标准煤耗下降 0.3 克/千瓦时，每年为企业节约了 300 多万元。所以，他的薪水比一般的工程师还高。

解决问题就担当了责任，你得到的公司的回报自然也就越多。

现实生活中，很多人都喜欢把问题推给别人，一般基于 3 个原因：1.懒惰；2.搞不懂该怎么去做；3.知道如何去做，但觉得这是件麻烦事，所以就推掉。

懒惰的人在职场上是没有前途的。如果能去掉懒惰的毛病，下一步就要想怎样提高自己解决问题的能力。真正有能力而又勤奋的人，基本上不会把问题推给别人，这样的人在职场上也最有上升空间。搞不懂如何去做的人在工作态度上出现了问题：你不懂，难道你不能向别人请教吗？如果你自己都不想解决问题、提高自己的话，那么你永远就只能当一个小职员。至于最后那种遇到麻烦事就推的员工，根本就是丧失了对工作的责任心，这样的人即使能力再强，老板也不会重用他们。

在工作中出现了问题就不要推给别人，而是要靠自己去解决，那么，如何解决问题呢？

第一，告诉自己："我能行！"

告诉自己"我能行！"这体现出了一个人遇到问题是直接面对，而不是逃避。有的时候，我们不敢面对问题是因为缺乏勇气，所以，适当地给自己树立信心。久而久之,你就能成为勇于面对问题的人。

第二,培养自己高度的责任心

每一次接受任务,都要以高要求让自己完成,这样才能不断地激励自己,让自己充满自信,让自己有勇气迎接每一次新的挑战。

第三,用分步法解决问题

接受一项任务的时候,把任务分成几个步骤来完成,把每一步完成的时间、完成的指标和奖惩措施在具体操作中写明,每完成一步就打钩,直到任务顺利结束。如果你负责大任务中的一个环节,就要想清楚你有没有完成自己应负责的任务、是否给下一个环节造成了麻烦?

总之,不能让自己逃避问题,更不能让自己成为问题的导火索。严格控制自己的行为、对自己负责、对老板和同事负责。出了问题就直接面对,用最快的方式去解决它,只有这样的人才能得到更多的信任。

经营篇

人品是价值连城的财富
成功的高度取决于人品的高度

在经营事业的路上，要想获得成功、取得成就，就必须把人品放在第一位。商道即人道，做生意要先学会做人，只有拥有好的人品，才能生产出好的品牌和信誉，才能预防和抵制一切不道德的手段；手中握好良知这副牌，才能做到取舍有度，达成互惠互利的双赢局面。

第 12 章

恪守信誉

——拥有好人品，才有好产品

待之以诚、取之以信，好的信誉成就好的产品。做人应该以诚信为本，诚信是人的内在品质要求，是人生岔路口的风向标；在人品的天枰上，好与坏的砝码将在诚信的标尺上得以显示。

诚信是衡量人品的一把标尺

诚信是人们在交往中能够履行约定而取得彼此信任的第一准则，它是衡量一个人人格、品质的尺度。一个人的诚信度直接会影响到他在交际中的地位、形象和威望。我们对那些诚实守信的人往往抱着一种推崇、依赖和亲近的态度；而对违背信用的人，则常常会轻蔑、贬斥和远离他们。

诚信是人的本钱，没有诚信的人是一个失败者。在今天这样一个市场经济急速发展、信息大爆炸的年代，很多人已经没有了诚信的观念，只有少数人依然坚持着，然而成功毕竟属于少数人，所以，懂得诚实守信的人们获得了胜利。

市场经济的特征之一就是诚实守信，没有信用，社会秩序将会一团糟，我们的生活也无法继续，无论对于个人、国家和整个社会，诚信是最基本，也是最重要的。诚信体现的不仅是人的基本素质，更是衡量人品的一把标尺。

在《重庆晚报》上有这样一则新闻：

2008 年 5 月 16 日下午，在地震发生不到 100 小时之后，在四川什邡市汉旺镇，被救援官兵抬出来的刘德云虚弱得快昏迷过去了，虽然他已经没有力气说话了，但是他还是努力指着自己的左手腕，让大家看看那行字："我欠王老大 3000 元。"他告诉女儿："如果出不来，手腕上那句话就是留给你的遗嘱。"

在强大的灾难面前，刘德云还想着自己欠他人的钱，一个普通人用生命演绎的诚信精神让我们看到了人性中最真诚的品德。刘德云的这份遗嘱就是对别人的一份承诺，看着那行字，我们都会为之感动。

诚信不仅是人与人交往的前提，也是衡量个人人品的一把标尺，曾经有这样一个经典的诚信故事。

从远处望去，碧绿的草坪一直绵延到公园的边界、陡峭的悬崖边上，在公园的北部有一座坟墓，高大雄伟、庄严简朴，它是美国第 18 届总统、南北战争时期担任北方军统帅的格兰特将军的陵墓。其实，这里埋葬的绝大多数是美国南北战争时期牺牲的战士，所以每年前来祭奠亡灵的人不计其数。

在更靠近悬崖边的地方，格兰特将军的陵墓后边还有一座小的陵墓。那是一个极其普通极其小的陵墓，在其他任何地方，你都有可能忽视它。它和其他陵墓一样，仅仅是一座小小的墓碑，而在墓碑旁边的一块木牌上却记载着一个感人至深的故事。

在 200 多年的 1797 年，这片土地的小主人才刚刚 5 岁，在和仆人玩耍的时候不小心从悬崖上掉下来了，抢救无效，小主人离开了人世。他的父亲非常伤心，将他埋在了这块土地上，并修建了这样一个小小的坟墓，以作为纪念。很多年之后，家道衰落，老主人将这片土地转让给了其他人，但是在契约上提出了一个要求,他要求新主人把他儿子的陵墓作为土地的一部分,永远不要毁灭它。新主人竟然答应了,还把这个条件写进了契约。

物是人非,沧海桑田,100年过去了,这片土地不知道换了多少次新主人,孩子的名字早已被人忘记,但孩子的陵墓仍然矗立在那里,一个又一个的买卖契约仍然没有把这个条件去掉,它被完整无损地保存了下来。1897年,这片风水宝地被选中作为格兰特将军的陵园,政府成了这块土地的主人,无名孩子的陵墓在政府手中完整无损地保留了下来,成了格兰特将军陵墓的邻居。一个伟大的历史缔造者之墓和一个无名孩童之墓毗邻而立,这可能是世界上独一无二的奇观。

时光飞逝,逝去的人不会再回来,当又一个100年过去之后,1997年,为了缅怀格兰特将军,当时的纽约市长朱利安尼来到这里。那时,刚好是格兰特将军陵墓建立100周年,也是小孩去世200周年的时间,朱利安尼市长亲自撰写了这个动人的故事,并把它刻在木牌上,立在无名小孩陵墓的旁边,让这个关于诚信的故事世世代代流传下去。

当岁月流转与时光轮回都无迹可寻时,人们忘不了的不是墓碑上的故事,而是故事里的人。经过数百年的轮回,一个普通小孩的坟墓竟然让人们用诚信的种子延续下来,真实地见证了人间自有真情在。我们相信那片土地的主人都有一颗善良的心,他们守住了诚信的精神,他们都是好人。

说话要算数,信用就是一诺千金

古人云:"唯诚可以破天下之伪,唯实可以破天下之虚。人若无信,不知其可也。"君子一言,驷马难追。千百年来,一诺千金、诚信做人一直是中华民族的传统美德,这一传统随着中华儿女走过沧海桑田、经历雪霜磨砺,最终沉淀为中华民族的精髓。

说话算话、一诺千金、赢得信用是获得好人品的关键,古往今来,许多仁人志士都靠信用赢得了他人。

"无可奈何花落去,似曾相识燕归来。"这句人尽皆知的诗句就是出自北宋词人晏殊的笔下,在消逝中孕育着美好,他14岁就作为神童被人推荐给皇帝。

皇帝召见他,要他和其他1000多名进士同时参加考试。谁知道考试的题目竟然是晏殊10天前做过的练习题,晏殊发现后,如实禀报给了皇帝,并要求改换题目。皇帝没想到一个14岁的孩子就这么诚实,于是断定他的人品绝对靠得住,所以赐他"同进士出身"。

晏殊任职时,正是天下太平的时候,京城的大小官员便经常到郊外游玩或在城内的酒楼茶馆举行各种宴会,晏殊因为家里穷,所以只好待在家里和兄弟们读书写文章。由于晏殊的努力受到了皇帝的赏识,皇帝提升他为辅佐太子读书的东宫官,大臣们都很不理解,不知道皇帝怎么会提升他,而皇帝却说:"你看,其他群臣们都在游山玩水,只有晏殊在家读书,如此自重谨慎的人,不正是东宫官最合适的人选吗?"晏殊谢过皇帝后说道:"我其实也是个喜欢游玩设宴的人,只是家贫而已。若我有钱,也早就参与宴游了。"

晏殊很诚实地告诉了人们他不出去玩的原因,通过这两件事,晏殊在群臣们中间树立了信誉,使皇帝更加信任他,使大臣们也更佩服他。

良好的信用就好像自己的一张名片。有信用的人,大家才愿意和他相处。如果一个人满口谎言、说话不算话,即使能力再强,也会在人际交往中碰一鼻子灰,如果在能力和人品之间选择,几乎所有的人都会选择人品好的人,选择一个讲信用的人。

春秋战国时期,战争此起彼伏、人心涣散,百姓民不聊生,正当这个时候,秦国的商鞅做了一件顺应民心的事情,就是今天我们所熟知的商鞅变法。

人品，
看不见的竞争力

　　在秦孝公的支持下，商鞅开始主持变法。为了树立威信，商鞅当众许下诺言，他在都城南门外立了一根3尺长的木头，并许下承诺：如果谁能把这根木头搬到北门，赏金10两。谁也不敢相信商鞅的话，老百姓都窃窃私语：怎么会呢？搬根木头能给这么高的赏钱，于是没有一个人肯上前去，接着，商鞅又把赏金提高到50金。这下灵了，谁不愿意领赏，所谓重赏之下必有勇夫，终于有人站起将木头扛到了北门，商鞅立即赏了他50金。商鞅的这一举动让百姓们都相信了他，接下来，商鞅变法很快在秦国传开了。

　　而同样，在商鞅"立木为信"的地方，比他早400年以前，这个地方却曾发生过一场令人啼笑皆非的"烽火戏诸侯"的闹剧。

　　周幽王有个宠妃叫褒姒，为博取她一笑，周幽王下令在都城附近20多座烽火台上点起烽火。烽火是边关报警的信号，烽火台只有在外敌入侵需召诸侯来救援的时候才能点燃。诸侯们看见烽火，以为敌人来了，于是就急忙赶到，没想到到了之后竟然发现这是一场闹剧，于是诸侯们气得愤然离去。褒姒看到平日威仪赫赫的诸侯们手足无措的样子，终于开心地一笑。5年后，当西夷太戎大举进攻周国时，幽王吓得赶紧点燃烽火，但是有了上次的闹剧，诸侯们不会再去上当了，最后周幽王被逼自刎，而褒姒也被俘虏。

　　商鞅是"立木取信"、一诺千金；而堂堂一个帝王却拿信用开玩笑，戏玩"狼来了"的游戏。最终结果是商鞅变法成功、国强势盛；而周幽王自取其辱、身死国亡。由此可见，信用在关键时候有着至关重要的作用。

　　以诚为本，你才能得到别人的认可，遵守信诺才能为自己赢得好的人品。

以诚信为身处岔路口的你指引方向

"狼来了不可怕,失去诚信最可怕。"这是一则名酒的广告语,很经典,不仅说出了这种品牌酒的价值,也暗含了诚信在人际交往中的重要作用。在错综复杂的人际交往中,人们可能会做出"一失足成千古恨"的事情,一时迷失了方向,这就需要我们给予自己一个风向标,在岔路口让诚信来指引方向。

诚信是人际交往中的一个重要原则。社会是人与人组成的社会,没有人与人之间的交往,也就无所谓诚信,只有人与人之间进行交往才会出现信用问题。人离不开与他人进行交往,与他人交往也离不开诚信,只有坚守诚信原则的人才能赢得良好的声誉,别人才愿意和你交往。

历史上曾经发生过这样一个故事。

东周时期,流亡列国19年之久的晋文公重耳是春秋时代第一个强国的缔造者,与齐桓公齐名,是春秋五霸之一。然而,有如此霸气的一位国君在登基后却遭到了质疑。

越国虽然是小国,但是它的始封之君是周文王的儿子,他们又怎么甘愿让一个从外国逃亡而来的重耳做他们的霸主呢?他们不服,于是没有任何理由地制造事端、挑起边衅。晋文公为了平息动乱,为自己的霸业打好基础,所以只好决定讨伐越国。

晋文公在战前制订了详细的计划和部署,他还不断地到士兵中做战前动员,并且与士兵制定了一个约定:"根据我们的军事力量和越国的战斗实力,我们能够速战速决。以7天为限,降服越国"。

世事难料,原本信心十足的晋文公没想到越国这么顽强,然而,他们在强大的敌人面前没有丝毫的恐惧,英勇杀敌、沉着应战,尽管伤亡非常惨重,但是他们仍然有决一死战的勇气。

约定 7 天的期限到了，晋文公为了遵守诺言，坚决下达了撤离的命令。事实上，越国已经元气大伤，眼看就要把他们逼上绝路，军官们都觐见晋文公，让他下令继续追击，大家一致认为：不出 3 天，越国的军队会完全崩溃，到时他们一定会臣服。

在战争即将胜利的时候，晋文公还是坚决地告诉士兵们："君主应当言而有信，遵守诺言是国家得以昌盛的法宝，也是军队能够立于不败之地的法宝，为了降服越国而失掉如此贵重的东西，我们值得吗？我们划算吗？"

虽然征服越国的战争失败了，但是晋文公言出必行的事迹却传遍了周边的国家。第二年，当晋文公又一次发兵攻打越国时，这次他与士兵又有一个约定："这一次，我们必须坚持到底，达到彻底征服和得到越国的目的后再返回"。此约定随即向外公布，越国知道了这个约定，明白晋文公不达目的誓不罢休，于是连战幕都没有拉开，越国就投降了。一直不愿臣服的卫国见此形势，也乖乖地归顺了。

"诚信者，天下之结也。"这是中国古人从帝王到百姓都信奉的处世立世之本。虽然晋文公第一次没有征服越国，但是他赢得了"守信用"的名声，所以当第二次再次开战时，他的那个君子约定很快便奏效，与其说是他用自己的霸气和实力打败了越国，不如说是诚信引领他走向了战争的决胜之地。

孔子说："民无信不立"、"与朋友交，言而有信"，就是强调人们必须把守信用作为人生的重要信条。在现实社会中，即使你倾家荡产、一无所有，但只要你有了诚信的信条，你的财富之路就不会没有方向，所有阻碍你的东西也会为你让路。

1835 年，一个名叫伊特纳的火灾保险公司在美国纽约成立。这个小公司为了打开市场，采取了一个具有戏剧性的措施，在组建时，他们不要求入股人马上缴纳现金，只要在名册上签上自己的名字就可以成为股东了，这对于一般人来说真是天上掉馅儿饼的好事,于是大家纷纷报名参加。签个名字就发财,这是何等的好事啊!这个好消息传到了一个名叫摩根的穷小子的耳朵里,正好他也想着不出现金就能收益,于是正合其意。

公司刚成立不久就遇到一个大的客户,这家投保客户的公司发生了火灾,按照合同上的规定,如果完全支付赔偿金的话,公司会破产,也就意味着公司即将倒闭。一时间,股东们也开始惊慌失措,没想到会碰到这样的情况,于是他们纷纷要求退股。

摩根也没有什么好的办法,他思考再三,还是觉得自己的信誉比金钱更值得拥有,有了信誉就不怕以后没钱赚,于是,他作了一个大胆的决定:卖掉自己的房子并向银行四处筹款,然后又以低价收买了股东的股份。按照合同上的规定,一分不少地全部付给了投保的客户。这件事情过去之后,伊特纳保险公司成了信誉的保证。而已经身无分文的摩根成了保险公司的所有者,但是这是个即将破产的公司,也像他自己一样,只剩下一个躯壳了。

绝处逢生,摩根打出了一则广告:如果您到伊特纳火灾保险公司投保,保险金一律加倍收取。信誉的力量是无穷的,没想到,人们看到广告之后蜂拥而至,因为在人们心目中,伊特纳火灾保险公司是信誉的象征,它比那些大的保险公司更值得信赖,自此也开创了一个保险公司的王国。

摩根在很多年之后成了华尔街的主宰,他用信誉为自己树立了一个良好的风向标,使他成为摩根家族的创始人。

一个好的声誉需要诺言来实现,说出去的话像泼出去的水,是无法收回的。为人处世,信誉不仅给你带来了巨大的财富,也是你良好人品的展现。在岔路口,请以诚信为风向标指引你前进的方向,如此,你将会有一个更加美好的前程。

商道即人道，做生意需先做人

人无信则不立，企业也是如此。没有信用的企业不可能在市场经济中存活，市场经济的秩序要靠诚实守信的原则来维持。对于企业来说，商道即人道，做生意需先做人，诚信是其制胜的法宝。

所谓"商道"，其实就是在企业利益与社会道德之间寻找一个平衡点，在这个平衡点上树立一种商业道德及为人处世和投资经商之道。"商道即人道"，因为人与人的沟通和协调是从商的首要条件，从商先做人，做人先讲诚信，讲诚信才可以从商立事，只有这样融商道与人道为一体的商人才达到了做生意的最高境界。

中华文字博大精深，从字面上分析，企业的"企"字可以拆分为"人"和"止"，企业如果少了"人"，那就只剩下"止"，也意味着就要停止，所以企业的命脉掌控在人的手中；"商道即人道，信誉就是钱"成就了我国著名红顶商人胡雪岩使他获得了清末第一富豪的美誉。"我首先是一个人，再是一个商人"正是香港首富李嘉诚的成功秘诀。由此可见，从商即从人做起。

15世纪末，探险成为那个时代的人们热衷的事情。在1596年，一名荷兰的船长带着一批水手开始了他们的探险航程，这次探险的目的是为了寻找一条通往中国和东印度群岛的航线。有了这条航线，欧洲和亚洲也就打开了一条商道，当然，聪明的商人也不会放过这次机会，他们委托水手用商品来换一些中国的货物。

然而，当他们到达北冰洋时，夏季已经过去了，随之而来的是严寒的冬天。由于气候的原因，他们只能望而却步，因为船已经被冰冻住了，全体水手也只好下船登陆，他们在岛上修建木屋以等待冬天的过去。

冬天总是很冷的,何况又是在北冰洋这个离极地那么近的地方。天气越来越冷,食物也越来越少,水手们已经快撑不住了,有的活活地被冻死了,但是即使会牺牲生命,他们也从来没有想过打开那批运往中国的货物,其实他们知道那里面是御寒的衣服和充饥的食物,他们想:如果没有经过主人的允许拿了里面的东西,岂不是损失了自己的信誉?以后还怎么工作?所以他们选择宁可饿死,也要坚守自己的职责和信用。

严寒的冬天终于过去了,他们也从死亡女神的手中挣脱出来。这时,水手已经死了 2/3 了,但是那批货物却仍然完好无损地保存着,他们用生命捍卫着自己的信誉,最后终于完成了商人交给他们的任务。

终于,他们到了中国,很坦诚地用这批货物换了中国的商品。当他们再次返程,人员又死了一半,伤痕累累的水手时刻没有忘记自己的信誉,所以,当他们回到自己的国家,把这些商品交给商人时,商人们都为他们感到自豪,并称赞他们是荷兰人的骄傲。

普通的水手们用自己的生命赢得了世人对他们的敬意,并为后世留下了经商的法则,在整个探险过程中,他们的心里都恪守着一条准则,那就是信誉无价。当时的荷兰只是一个拥有 100 多万人口的小国,然而却因为讲信誉而成为海运贸易的强国,造福于荷兰世世代代的人们。

商业上讲信誉不仅是一种商道精神,也是一种做人的美德和人品的体现。只有以诚待之、以信取之,生意才能越做越大。有信誉的员工才能成就有信誉的企业,做生意先从做人开始。

在企业的王国里,诚信才是无价之宝,是企业生产经营中不可替代的"金字招牌"。诚信能为产品带来市场、为企业带来顾客、为顾客带来满意。一个企业的信誉度如何将会影响到企业经营的发展和成败,是任何企业家都十分关心的问题,闻名全世界的海尔集团就是靠诚信二字赢得人们对它的信赖的。

人品，
看不见的竞争力

　　海尔集团创立于1984年，自创业以来，海尔坚守以诚信为本，从一家濒临倒闭的集体小厂发展成为全球拥有7万多名员工、2011年营业额达1509亿元的全球化集团公司。海尔集团的首席执行官张瑞敏告诫员工：诚是什么？一个"言"字加一个成功的"成"字，我们公司要让说出的承诺兑现，这样才能做大做强。

　　海尔的每个员工都把珍惜海尔的信誉放在第一位，然后落实到平日的一言一行之中。就是靠这样一点一滴的积累，海尔赢得了良好的信誉。在海尔内部广泛流传着一些海尔的员工用自己的汗水实践着"卖信誉，而不是卖产品"理念的故事，这些普通员工的努力使海尔给用户留下了深刻的印象。

　　1995年7月6日上午，海尔总部收到了一封来自广东潮州的用户陈志义的一封信，信上说他要求购一台"玛格丽特"洗衣机，于是海尔总部马上要求下属企业海尔梅络尼公司与他约好上门送洗衣机。在当天晚上11时，一台海尔玛格丽特洗衣机由青岛运至广州。

　　7月7日早上6时，海尔梅络尼公司派驻广州安装维修人员毛宗良开始送货，他租了一辆车运送洗衣机赶往潮州，到了下午2时，在离潮州还有将近一半路程时，没想到遇到了交警，无巧不成拙，租的这辆车子因手续不全被扣留，而被扣车的地方前不着村，后不着店，离最近的海丰城还有四五里路。

　　烈日炎炎下，毛宗良可是急坏了，他站在路中央不停地拦车，可是洗衣机太大了，没人愿意拉，时间一点点地过去，已经是下午3点了，毛宗良心想这样下去不是办法，于是他开始在路边找绳子，决定将洗衣机背到海丰城。

　　为了能及时地把洗衣机送到目的地，毛宗良顶着38度的高温，背着约150公斤的洗衣机在路上蹒跚前行。不到一会儿，他已经是大汗淋漓，衣服已经全被汗浸透了，路过的行人都觉得这个人很奇怪，实在不明白这个人为什么背着洗衣机在路上这么走。

当陈志义得知毛宗良背着洗衣机是为了履行海尔公司的承诺时，他特别感动，随后就给《潮州日报》写了一封信，表示了自己的感谢之情："想不到我就寄去一封求购的信，你们竟千里迢迢送货上门。如此周到地服务，确实绝无仅有，海尔的精神令人敬佩！"

海尔的售后服务是非常周到的，正是由于有了这样的信誉，海尔的电器产品才得以营销全球。许多客户都是冲着海尔这个品牌而买它的产品的，用户对海尔的这种信任是海尔人用自己的真诚和诚信换来的，它是海尔的一种无形资产。

一个企业的信誉就是这个企业的生命，信誉代表了企业的良好口碑，是一个企业整体形象的标签。然而，这种信誉是要靠人来赢得的，所以做生意必须先做好人，只有有了好的人品才会换来好的信誉，商道即人道。

诚信是你最好的通行证

伟大的哲学家康德曾经说过：有两样事情可以引起我们内心深处深深的震撼，一样就是璀璨的星空，另一样就是我们做人的道德准则——诚信。

"言必信，行必果。"做出的承诺一定要兑现，否则任何个人和单位都不会再信任你，你也失去了自己的"通信证"。在人际交往中，诚信是你的存款，信用是你的抵押，名誉是你的账号，承诺是你的支票。假如失去了诚信，你将会一无所有。

春秋时期，越国有一个叫虞孚的人以种植漆树为生。一次，他的漆树丰收，得了数百斛漆，他准备把它们运到吴国去卖。临走之前，他灵机一动：漆树的叶子是不是也能熬出汁儿？反正去一趟也不容易，顺便把这熬出的汁儿也变卖。

人品，
看不见的竞争力

到了吴国后，有位商人看到虞孚的漆成色很好、十分纯正，于是准备全部买下来，并约定第二天就来提货。虞孚暗自窃喜：没想到这么顺利！心想这桩买卖已成定局，干脆顺便把漆树叶子熬出的汁儿也带上，随后他便连夜把漆树叶子熬的汁儿都倒了进去。

第二天，那位吴国的商人如期而至，商人看到装漆的封条似乎动过，便起了疑心：会不会有假？于是便找了个借口，决定20天后再来取货。这下可害惨了虞孚，用漆树的叶子熬出的汁儿倒进去后掺进水和杂质，很快连同漆也都全部变质。真是事在人为，虞孚搬起石头砸了自己的脚，最终在吴国沦为乞丐，客死在他乡。

聪明反被聪明误，虞孚自以为聪明过人，把漆树的叶子熬出的汁儿掺入漆里，以为不会被商人发现，以为自己可以收益很多。但事实证明，虞孚的做法大错特错，他失去的不仅是一笔赖以生存的财富，更重要的是他还失去了做人最起码的诚信原则，最后不但败坏了自己的名声，成为人们茶余饭后的笑柄，得不偿失。

若一个人失信于一时，将不会信于一世。有些人贪图占一些小便宜，赢得了一时的利益，殊不知失去的却是宝贵的信任和合作的机会。

1993年，林泉在中关村与人合租了一个小门面做IT生意，虽然当时只有3000元的启动资金。就在这样的环境下，林泉开始了他的IT创业之路。

林泉很幸运，营业不久，他就接到了一笔大生意，那是一笔20万的单子。和他签20万单子的这位东北客户也是个门外汉，一听说林泉的报价比同类产品低得多，于是二话没说，直接就签了。双方都很爽快，林泉在高兴之余突然想起来有什么不对的地方，原来是他看错了报价，这下完了，如果做这笔生意的话，也就意味着自己得倒赔进去1万多元，要知道他的家底可只有3000多块钱。

这时，摆在林泉面前的有3条路：一是守信誉、遵守承诺，继续把生意做完，就算赔掉了脑袋也要做；二是和对方讲明原因、说明实情，请他把差价补上；三是把这笔单子推出去，打退堂鼓，就说做不了。

经过再三的深思熟虑，林泉还是决定遵守信用，做这笔生意，赔了也就认了。塞翁失马，焉知非福，那个东北客户了解到实情后，为他的诚实守信感动万分，于是立刻把100万元的单子按照市场差价给补上了。而正当此时，中关村整个市场的电脑配件价格集体下滑，林泉抓住机遇奋力搏起，赚到了第一桶金。林泉用诚信换来了更多的财富，从此打开了市场，开创了自己的事业之路。

后来，每当有人问起林泉的成功之路从哪儿开启的时候，人们总是开玩笑地说："你一定先赚了不少吧！"这时林泉就会说："我没有赚，而是赔了10000多元。但是，我却淘到了一桶成色十足的金子，那就是诚信。"

一诺千金，守信才能赚来千金。守信的力量是巨大的，以守信为原则，讲信义、重信义，这样的人才会为世人所接受，这样，在你危难之时，别人才会帮助你。"一言既出，驷马难追。"遵守承诺，且远且行。

第 13 章

舍利逐德

——停止一切"不道德"的手段

上善若水，厚德载物。在名利面前，我们不是任其摆布的奴隶，而是
自我操控的主人。在造福他人的同时，请善待自己。

不义之财，请勿接受

"君子爱财，取之有道。"讲的是君子喜欢以正道得到的财物，不要不义
之财。在当今社会，有钱有地位是人人都向往的，但如果不是用"仁道"的方
式得来、人人都不讲道德的话，人与人之间只有金钱利益关系，那么社会将
无法运转下去。

钱乃身外之物，不义之财更是身外之物。人们为什么会讨厌守株待兔的
人，因为他们没有主动去争取。人的财富是靠自己争取的，而不是靠等待天
上掉馅儿饼飞来横福，发不义之财。

田稷子是古代齐国的宰相，一天，他的属下给他送了一些黄金。田稷子
是个孝子，他想用这些黄金来孝敬母亲。母亲一看有这么多黄金，就问他：
"你只做了 3 年宰相，就有这么多俸禄，难道平时没有开销吗？"

田稷子看了一下半信半疑的母亲，只好如实回答，母亲了解到事情的真相后对他说："作为士大夫，你应该修身养性，不能贪这些不义之财啊！"

田稷子想了想，立即把黄金送回去了。

"不义之财"的典故很好地说明了做人需以诚信为本，不要贪图不义之财的道理，在古代乾隆年间，也有过一段类似的故事。

相传在乾隆年间，在苏州有一个靠卖菜来赡养母亲的人，他每天早出晚归，去市场卖菜。有一天，他在街上捡到了一封信，回到家里打开一看，原来是银子，他数了一下，有45两。这时，他的母亲走过来看到有这么多银子很惊奇，便问他："你本来就是个穷人，凭自己能力挣的钱每天所得不过才百钱，这是你的本分，而你现在突然得到这么多的钱，恐怕会有不好的事情发生，而且丢失钱的人可能另有自己的主人，因此可能会遭到鞭刑与责骂，甚至可能有人为了这笔钱会逼死他。"

这个人觉得母亲说得有道理，越来越觉得有点儿害怕，于是他听从母亲的劝告，去丢钱的地方等着丢钱的人来找钱。很快就有人回来找钱了，于是他马上把手中的钱还给对方，对方扭头就要离开。旁边街上的人都责怪丢钱的人，说他应该感谢这个人，然而出人意料的是，这个丢钱的人竟然反咬这个人一口，说他丢了50两黄金，信封里却只剩下45两，肯定是他私吞了5两。

那个人于是百口难辩，这时，刚好一个官员路过这儿，问了事情的缘由之后，假装对那个人发怒，打了他5板子，并打开装金子的信封，指着信封上写的字，对丢金子的人说："不好意思，你丢的是50两，而信封上写的是45两，这不是你的钱。"而后，他拿着这些银子又对那个人说："你没有罪，但是却受到了我的笞刑，这是我的过错，现在就把这个补偿给你，关于你的母亲所说的不祥的事，前面已经验证了。"

围观的百姓听过之后，纷纷拍手称快。

西方有句谚语：金钱就是上帝抛给人类的一条狗，它既可以逗人，也可以咬人。在金钱的诱惑下，人的道德品质极其容易被破坏。在现实生活中，可以说追求金钱并没有错，错的是追求金钱的方式。有的人有万贯家产，从而享受天伦之乐，有的人却走进监狱，独享寂寞孤独。在利益的驱使下，那些泯灭良知的人终将得到属于自己的因果报应。

也许这就是人性之中的贪婪在作怪，面对不义之财实难消受，也承受不起，所以，他们选择用反击去报复，可他们却忘了这样的反击和报复只会让自己失去更多，丢掉所有的道德和良知去追逐财富，最后只能是空手而归，希望你能用一颗善良与真诚的心去追逐属于自己的财富，经营好自己的人生。

太执著于利益，会让人不择手段

与中国文化中"水至清则无鱼"不同，西方文化存在着一种维持圣洁、公义的绝对信心。《羊皮卷全书》上说，人的一生遇到什么环境是由人的心灵按自己内在的标准不断选择的结果，坚持公义、圣洁、诚实、仁爱等美德的人终将获得最后成功。

太执著于利益，会让人不择手段。古往今来，有多少贪官污吏走上了不归路，由于利益的驱使，他们忘记了道德、忘记了法律，甚至忘记了良知，他们认为：所谓公义、圣洁、诚实、仁爱等只不过是蒙骗人们的幌子而已。在历史与现实中穿梭，回顾曾经故事中的尔虞我诈，我们明白，其实上帝是公平的，在《圣经》中有这样两个故事。

传说，上帝的使臣撒母耳受上帝之托，让他去以色列告诉所罗门，上帝想让所罗门攻打罪恶的亚玛力人，还吩咐要将亚玛力人的牛、羊、骆驼和驴全部杀死。然而，所罗门在取得胜利之后非常爱惜那些战利品，不愿意叫出来，上帝差遣撒母耳去责备所罗门，所罗门辩解道："因为他们爱惜上好的牛羊，要献与耶和华——你的神。"但是撒母耳很看不惯，他严厉地责备所罗门，说耶和华上帝已厌弃所罗门做王了。

看起来，所罗门的目的似乎是好的，冠冕堂皇地要给上帝献祭，然而所罗门并没有遵循撒母耳原先的吩咐，用了不正当的手段，因此耶和华上帝并不接受所罗门的"贿赂"。

《圣经》中还有一个很有意思的故事，在大卫统一了以色列并定都耶路撒冷后，他必须将上帝的约柜运到耶路撒冷。《圣经》上说："到了拿艮的禾场，因为牛失前蹄，乌撒就伸手扶住神的约柜。神耶和华向乌撒发怒，因错误击杀他，他就死在神的约柜旁。"乌撒伸手去扶约柜似乎动机十分好，目的也正当，然而他违反了程序，因为在上帝所颁布的律法中明确规定约柜必须由祭司利未人用杠去抬，因为它是圣洁的。乌撒违反了这个规定，所以下场很惨。

两个相反的事例说明了一个问题，那就是在利益面前不可不择手段。目的达到了，手段和方式很重要。如果所罗门是光明磊落的，那么上帝一定会接受他的礼物。如果乌撒遵循程序，上帝也会宽恕他。在做事的过程中，我们不能不达目的誓不罢休，应该考虑手段的正当性，否则只能自食其果。

斯迈尔斯先生曾说过："一些人在各方面都是贪污腐败的，他们没有任何诚实正直的品格，没有任何自尊，没有丝毫做人的尊严，否则，他们会拒斥来自各方面的贿赂。"是的，上帝是公平的，人们在贿赂对方的同时，其实自己也走向了毁灭的道路。

在现实生活中，我们追求金钱、追求自己的利益是没有错的，正是因为我们拥有这种追逐的动机，有了这样的动力，我们才会不断努力奋斗。

然而，财富对于社会和个人的作用是相互的，在自己获取财富的同时，也在为社会创造财富。但如果对财富进行偏执的追逐，就会陷入一种错误之中，在财富面前迷失了心志，早已忘记这些财富能带给自己怎样的感受与认可，陷入其中，不顾一切地去拼命"掠夺"财富，终日为钱所累，最终也会泯灭自己的本性。

上帝总是会眷顾那些善良的人们，因为他们懂得去爱别人。无论是金钱还是权力，抑或是其他利益性的东西，你都需要三思后行，为自己的行为负责。

用你的财富造福于他人

李嘉诚在出席中央电视台《名人面对面》节目时曾这样谈到他的"理财观"，他说："'富贵'两个字不是连在一起的。其实有不少人'富'而不'贵'。真正的'富贵'是作为社会的一分子，能用你的金钱让这个社会更好、更进步、更多的人受到关怀。内心的富贵才是财富。"

李嘉诚曾是亚洲首富，做了很多的慈善事业，他的理财观用一句话概括就是：用你的财富造福于他人。以下用一组数字来证明：

1981年创立汕头大学，至今对大学的投资已过31亿港元（包括长江商学院）。

1987年，他捐赠5000万港元，在跑马地等地建立3家老人院。

1988年，他捐款1200万港元兴建儿童骨科医院。并对香港肾脏基金、亚洲盲人基金、东华叁院捐资1亿港元。

1989年，他捐赠1000万港元，支持北京举办第11届亚洲运动会。

2004年南亚海啸，李嘉诚通过旗下的和记黄埔及李嘉诚基金会，共捐出300万美元予受灾人士。

2005年10月10日，基金会与和记黄埔合计共捐出50万美元予巴基斯坦地震灾民。

2009年4月22日，李嘉诚旗下长江集团、和记黄埔联合向2010年上海世博会中国馆捐赠人民币1亿元。

有位记者曾问李嘉诚："几十年来，到底是什么东西始终让您保持对公益事业有如此的激情？"李嘉诚很坦诚地回答："最要紧的就是内心世界，你会感到世界上有很多不幸的人，那么，如果你的能力做得到，你这一生应该好好尽心尽力去做。当你明明有多余的10倍、100倍都不止的钱时，为什么不做这件事情？这使得你的一生有意义得多。如果我能有来生的话，我还是走这条路。社会要进步，离不开支持与关怀，在这方面，你可以带给很多百姓幸福与安乐。"

一段很朴实的语言道出了一个很深刻的道理：造福他人就是造福自己。李嘉诚因为把毕生的心血都投给了慈善事业，所以他觉得自己的内心是丰富的，这是时下很多人难以做到的一种境界，内心的丰盈才是对自己最大的负责，所以李嘉诚活得很有价值、很有意义。

诗人臧克家曾在一首诗中写道："有的人活着，他已经死了，有的人死了，他还活着。"为什么说活着的人死了呢？为什么说死了的人活着呢？这不是自相矛盾吗？答案是否定的，因为人活着是有不同价值的，能够造福于他人的人才是有益于人民的人。

生活的富足来源于内心的丰盈，好的人品才能够造就更多的财富。有很多富人因为物质的膨胀而空虚寂寞，因为他们的内心是不充实的。你的财富来源于社会，那么你也应该回报社会，真正的有钱人会把钱造福于他人，这样才能让自己活得更有价值、更加充实。

规避不当竞争才能成就自己

市场经济是一把双刃剑,商场即为战场,稍不留神,胜负结局已定。既然把市场看做战场,同类竞争者则是出现得最为频繁的对象,可以是同伙,但是在利益面前绝不含糊,彼此之间争夺的是客户的资源,霸占的是市场的份额,还有以价格之战、广告之战以求得最大利益。

在商场上没有永远的敌人,也没有永远的朋友,和同类竞争者之间的较量必须要遵守已定的规则,否则市场秩序将会混乱。无论对于企业还是个人,用正当竞争的方式取得的利益才能走得更远。试图钻法律的空子,坑蒙拐骗,最后只能导致失败。

电视剧《相思树》曾在央视一套热播,关于剧中萧晓朴这个角色的价值观引起了社会的反响。

萧晓朴是剧中女主角萧晓牧的弟弟、男主角康凯的妹夫、一个从云南的小山村走出来的质朴的男孩儿,大学毕业后在一家酒店工作,后来由于姐姐朋友的提携到一家外贸公司,男主角康凯便是这家公司的总经理。

在他还没来外贸公司工作的时候,曾经犯下过一个严重的错误,为了尽快地实现妻子康慧的要求——买一座大房子,为了赢得社会世俗标准的认可,他最后不惜挪用公款,还敲诈自己的亲生父亲,用种种卑鄙的手段来赢得利益,这种行为使他丢了工作、丧失了人缘,不得已之下,才通过姐姐的关系来到康凯的公司。

可是,萧晓朴并没有悔过自新。一次,萧晓朴正在和康凯谈事,不巧秘书通知康凯要开会,时间很急,康凯走得匆忙,一时忘了关电脑,于是让萧晓朴帮忙关电脑,电脑上正好是美国联邦公司刚刚发过来的最新的策划书,萧晓朴没有抵住诱惑,偷偷把材料拷走了。

这份策划书对于美国联邦公司和康凯的公司非常重要,专利被别的公司启用后,直接给他们造成了上亿元的损失,他的姐夫康凯因为此次事件而被迫辞职,公司董事也无法原谅萧晓朴的行为,最后决定开除他。

最后,虽然萧晓朴获得了他所想要的东西——房子、车、钱,但是所有人都不再理他了,亲情、友情、爱情全部抛弃了他。

生活如戏剧,艺术来源于生活,像萧晓朴一样的人在现实生活中有很多。贪图一时的利益,用不正当的竞争手段去争取,可最终却毁了自己,误了自己的前程。虽然现实社会中,竞争很残酷,但是我们也不能因此而丢了自己的道德底线。

当今社会可以说是以人才为竞争核心的社会,任何实践活动都离不开人。人作为实践的主体,对社会的发展起着至关重要的作用,但是从另一个方面来说,如果人出了问题,后果就不堪设想了。

每个人都有做人的原则,即使是你的上司要求你去做某件事,也要有自己的原则,在现实利益的驱使下不要混淆是非。那么,我们该如何辨别不正当的竞争行为呢?

1.采取贿赂或变相贿赂等手段推销商品或采购商品,如采用各种形式的账外回扣和奖金等方式推销商品或采购商品。

2.弄虚作假,进行商业欺诈,如假冒名牌商品、以次充好、虚假宣传、掺杂使假、从事虚假的有奖销售等非法营销。

3.搭售商品,将紧俏商品与滞销商品搭配销售等。

4.强买强卖、欺行霸市。如强迫交换对方接受不合理的交易条件、限制购买者的购买选择、用行政等手段限制商品流通等。

5.编造和散布有损于竞争者的商业信誉和产品信誉的不实信息、损害竞争者的形象和利益。

6.侵犯其他经营者的商业秘密。

7.为排挤竞争对手而以低于成本的价格倾销商品。

8.串通投标、有组织地抬高标价或压低标价，或者投标者和招标者相互勾结以及排挤竞争对手的公平竞争，等等。

舍弃"小我"，谋取彼此共赢

生活中，我们总是喜欢和别人比较，这种攀比的心理让我们有无穷的动力，但是一味地追逐大众的步伐而忘记了自己的路，最后只能迷失在大众所创造的围城里。高矮、胖瘦、穷富……有太多比较的元素，我们似乎只有比较才会感受到自己的存在，殊不知，我们在与别人拼命比较的时候，实际上已经和别人划开了一条界线，最终把自己推入孤独的境地。

"我"是社会中的"我"，个人必须融入社会中才会发挥"我"的才能。过分地追求自我的价值，而忘却"我"之于社会的责任，不懂得与人合作，最后吃亏的只能是个人。

识时务者为俊杰，竞争无处不在，要把握好机遇。敢于舍弃"小我"、谋求彼此共赢才是更明智的选择。在认识之中，你需要抛弃传统的局限，能够从现实中认识到彼此的重要与相互的促进，只有这样，你才能在行业环境取得拓展的情况之下为自身的发展取得有利空间。

被人们誉为"印尼钱王"的李文正是印度尼西亚著名华人银行家，他对中国的传统文化情有独钟，在他的公司管理中无不渗透着中国传统文化的思想，他借鉴中国传统文化中"以和为贵"的思想来进行商业中的谈判，他常说："双方为利益而争斗，生意就不可能稳定。"他认为，"做生意，眼光要放远，应争千秋而不计较于一时。"

　　李文正最擅长与人合作，他不计较个人的得失，总是用发展的眼光看问题。一开始，他是和朋友们一起合作经营进出口业务。1960 年，他和几位福建华商合资合营转入银行行业。1971 年，他与弟弟李文光、李文明及华商郭万安、朱南权、李振强等共同集资，组建了泛印银行。

　　在经营的过程中，他不断争取银行业的商贾，与瑞士富士银行、日本东京富士银行、美国旧金山克罗克国际开发公司、澳大利亚商业银行联手共同组成国际金融合作有限公司，此公司主要从事国际性的资金融通和企业投资开发等业务。李文正的共赢理念深入人心，凭借着有效合作，在短短 5 年内，便使泛印银行成为印度尼西亚第一大私营银行。

　　有人说李文正像魔术师一样，是"医治银行的专家"，其实，李文正并不是什么"妙手回春"的医生，只是他善于合作、广纳人才，懂得彼此共赢的哲学而已。

　　竞争是商业活动中的自然法则，没有竞争就没有市场。商家通过竞争展现自己的实力，打败对手、抢占市场，从而获得最大的利润。在资本主义社会，资本家的本性就是追求最大利润、最大程度地获得剩余价值，在现今社会，商业法则还是这样，作为商人来说，利润最大化就是其最终的目的。然而竞争作为实现利润最大化的一种手段，并不是万能的。

　　李文正的"和为贵"思想和"双胜共赢"思想是竞争中一种最好的方法，这种思想与传统观念背道而驰，却又来源于传统的经营理念。竞争与合作适时而用，可以取得较好的效果。

　　竞争中的双方有时可能势均力敌又争斗不已，如果继续下去，最终只会鱼死网破、两败俱伤；而如果双方达成一定的妥协，就会相互配合，发挥各自的优点，共同开发经营，如此在瞬息万变的市场上，最终双方都会获益。

　　双赢在现今社会中是一种新的理念，在营销学中叫"赢者不全赢，输者不全输"，简单来说就是大家都能获得利益，"利己"又不"损人"，很多时候人们希望得到利益的最大化，一味追求赢的结果，却在竞争中忽视了合作。

商业电影如今在中国已经有很大的市场，作为当今操作商业电影的领军人物——中国娱乐界的王中磊先生在告别了资本焦虑之后又开始构造一个更大的梦想王国，那就是与史玉柱合作成立华谊巨人游戏公司，并设想建设一个类似迪士尼乐园的华谊主题公园。

18年前，王中磊怀揣着10万美元的创业资本回到北京，由他带领兄弟3人共同投资100万元创立了"华谊兄弟广告公司"，1998年，经一个电视剧圈朋友的介绍，王中磊投资了第一部电视剧《心理诊所》，自此走上电影电视制作的道路。

之后，王中磊从电影电视制作中看出了一些门道，于是在1998年，华谊广告公司一口气投资了3部电影——《没完没了》《鬼子来了》《荆轲刺秦王》，而此时，他与冯小刚结识，随即合作，冯小刚在华谊兄弟广告公司建立了自己的工作室，从此，冯小刚成为华谊兄弟的一大品牌。

冯小刚拍摄的《没完没了》以3300万元的票房收入成为当年冠军，《手机》的票房收入为5400万元，以及《集结号》的票房收入为2.7亿元，《非诚勿扰》的票房收入为3.6亿元以及《唐山大地震》一次次地刷新了中国电影史上的票房纪录。

除了与冯小刚成功地合作之外，王中磊又与美林证券中国区主席刘二飞、中国国际金融有限公司总裁朱云来等金融界的风云人物合作打通了金融思路，阿里巴巴的马云、分众传媒的江南春和万向集团的鲁伟也在华谊兄弟广告公司榜上有名。

娱乐界是一个充满童话色彩的世界，既然是童话，就与现实有距离，艺术和现实有着不可逾越的鸿沟，但是王中磊做到了。其实，他本人的故事就是一部商业片,具有非凡的视觉冲击力了并且很传奇,而这样的传奇是来自于他共赢的智慧。

与人合作,不仅可以获得双赢的效果,也彰显了个人良好的人品和修养,舍弃"小我"成全"大我",在属于自己的领域彼此共同创造更多的财富。

第 14 章

取舍有度
——拿与放之间隔着一座良知的桥

"舍得"既是一种生活的哲学，更是一种处世与做人的艺术。拿与放之间，是坚持还是忍让、放弃还是妥协，你需要量力而行。

见好就收，贪食的鸟儿必遭殃

人生在世，短短几十年，可支配的时间很少。在无限期满足欲望的旅途中，见好就收未必不是一件好事。人性之中总是存在着贪婪的一面，如果不及时遏止或者掌握一个度，后果将是很可怕的。

一个人将大量的时间花费在"争论一时短长"之上，每天的生活模式都是纠结于细小的数字和细节上，那么这样的人不会有更大的成功。浪费时间就是在浪费生命，从另一个角度讲，如果过分地、一味地去追逐虚荣和名利，最后也一定会走向不归路。

袁世凯字慰庭，号容庵，1859 年 9 月 16 日出生于河南项城县一个世代官宦的大家族之中，祖辈父辈多为清朝显贵，权重一方。

少年时期的袁世凯不得志，参加科举考试没有考上，当时正好赶上清朝混乱时期，所以他弃文从军，依附淮军将领吴长庆。后来有一次，大清藩属朝鲜发生内乱，求助于清廷，袁世凯随军入朝，自此开始了他的军事生涯。

驻朝期间，他充分表现自己，在朝臣们面前头脑灵活、办事机敏、善于沟通，表现了较高的外交、军事才能，朝臣们都很欣赏他。1894年，他受李鸿章保举为驻朝总理大臣，1901年升任直隶总督兼北洋大臣，1907年入主军机处、兼任外务部尚书。

1908年，他迎来了自己事业的低谷，1908年宣统帝继位，他受清皇室排挤被迫下野，开始了一段"隐居"生活。1911年辛亥革命爆发，受国内外形势所迫，他又重新被清朝政府启用，任总理内阁大臣，主持军政。

辛亥革命爆发后，全国民主共和的思想已经深入人心，各地分别起义，大局已定。这时，袁世凯明白清朝政府已经快完蛋了，不可能再挽回，于是他便联络全国革命势力及其旧部倒戈一击，逼迫清帝退位，实行共和。1912年3月，袁世凯因促成共和有功，当选为中华民国临时大总统。随后不久，被推举为"中华民国"首任总统。

然而，获得如此地位的袁世凯还是满足不了，而是想当皇帝，所以在1915年12月，他还是逆历史潮流宣布恢复帝制，建立中华帝国，并改元洪宪。得民心者得天下，顺者昌，逆者亡是自古君主巩固自己地位的法则，历史是不会自行退步的，袁世凯的皇帝梦注定会破灭，很快，由于内外交困，他被迫取消帝制，恢复民国。1916年6月6日，他因尿毒症不治而死于北京，时年57岁，同年8月24日正式归葬于河南安阳。

在名利面前，袁世凯没有做到见好就收，他太贪婪了，最终只能自食其果，这不得不成为他个人的一大悲剧，也是中国历史的一大悲剧。总是想要得到很多，最后却什么也没得到。

懂得舍得才会拥有；懂得示弱、退让、学会尊重才会获取想要的东西。人生没有太多的如果和假设，现实生活就是现场直播。我们虽然不能像袁世凯那样在历史的画卷中留下浓重的一笔，但是我们可以像自然界的河流一样，虽然无声无息，但是却可以源远流长，一样可以有大作为。

历史中还有一段"见好不收"的故事，在《三国演义》中，刘备誓死要为关羽报仇，于是率大军进攻东吴，一开始屡战屡胜，后来杀红了眼，不听张良的劝告以大局为重，非得要"先灭吴，后灭魏"，最终被火烧连营700里。而在同一时期，三国时代第一位皇帝——曹操之子曹丕却比刘备聪明。

曹丕是魏朝的开国皇帝，字子桓，也是三国时期著名的文学家、诗人。曹丕从小才华横溢，8岁能文，建安十六年为五官中郎将、副丞相，在司马懿、吴质等大臣的帮助下开始运用各种计谋争夺太子之位。

在曹丕登上太子之位后，他的弟弟曹植这时表现得非常好，也可谓是满腹才华，并且在当时名满天下，很受父亲曹操的器重，曹操也因此有换太子的迹象。

曹丕心急如焚，他赶紧向自己的贴身大臣贾诩请教该如何应对，贾诩说："希望你依然保持应有的德行与度量，只要像一个寒士一样兢兢业业地做好自己的事情，不违背一个儿子应有的礼数就可以了。"

曹丕觉得贾诩的话说得很有道理。

一天，当曹操挂帅亲征刚要出发时，曹操耳边传来了曹植大声朗读一些歌功颂德的文章，曹操一听就知道他是在讨好他，而曹丕却突然跪在地上哭起来，曹操不知道是怎么回事，就走过来问他原因，曹丕回答："父王年事已高，却还要在战场奔劳，作为儿子，我心里非常难过，所以说不出话来。"

话刚说完，满朝文武都被他浓浓的孝心感动了。而曹植的一番美言和这份孝心比起来确实有点华而不实。作为选择君主的标准，良好的品德自然是首选，曹丕并没有贪婪地想去和弟弟进行权力之争，而是做回自己，所以他最终顺理成章地登上了皇帝的宝座。

在决策之时，每个人都会想到眼前的利益。如果曹丕没有把眼光放远，不听取贾诩的指点而争于一时,和曹植拼得鱼死网破,最终的结果也就不言而喻了。最终曹丕的选择无疑是明智的,见好就收,所以他坚持恪守一个太子应尽的本分责任,赢得大家的认可,最后获得了帝位。

人的欲望是无止境的,如果一味地追求眼前的利益,你一定会很累。在满足欲望的同时,见好就收才是你的明智之举。

善于忍让,能屈能伸方无敌

苏轼曾说过:"君子所取者远,则必有所待;所就者大,则必有所忍。"小不忍则乱大谋,善于忍让是智者的选择,善于忍让是通向成功的阶梯。能忍让者必无敌。

生活中的我们每天要和各种人打交道,适度地忍让对我们保持愉快的心情大有好处,适度地忍让是一种善让;善让,可以以柔克刚,避免因恶争而发生错误。

"曾经相约到永远,终点有谁知道,红颜已退白发飘,这一生还是你最好……"电视剧《金婚》的主题曲红遍了大江南北。"这一生还是你最好",也暗示了一对平凡夫妻用真实的爱共同走过50年的风雨。50年的相随岁月,究竟是什么让他们一路走来?无论是电视剧中的角色还是现实生活中的普通人,他们都会回答两个字:"忍让。"

夫妻之间要忍让,家庭才会更加和谐;朋友之间要忍让,友情才能更加牢固;善于忍让不仅能够给人幸福,更是对他人的恩惠。所谓忍一时风平浪静,退一步海阔天空,聪明的人能忍出一片天空。

电器公司的推销员小王平时不爱说话,但却是个特明智的人。一次,他准备向老客户再推销一批新型发动机,可是没想到,刚到那家公司,该公司的工程师就劈头盖脸冲着他说："别想让我们再买你的发动机！"

小王不解：这个人怎么这么说话呢？了解到实情后才知道，原来，以前他们公司购买他公司的发动机热度过高。小王知道是自己公司的问题，于是就退一步说："先生，我的意见和您相同，如果发动机热度超标，别说买，还应该退货。"

这时总工程师语气也缓和了一下说："当然。"

小王趁机又问道："按标准，发动机的温度应该比室内温度高出70摄氏度，是吗？"

总工程师说："但你们的产品已经超过了这个温度。"

小王反问道："车间温度是多少？"

当听说也是70摄氏度时，小王把被动转为主动："好极了！车间的温度是70摄氏度，加上应有的70摄氏度，应该是140摄氏度左右，如果用手触摸会烫伤的！"

总工程师连忙点头，小王又随机补上一句："今后可不要用手去摸发动机了，放心，那是完全正常的。"

小王顺利地说服了总工程师，他的第二笔生意又做成功了。

推销员小王虽然说话不多，但句句都在理，在顾客情绪激动时，他并没有反驳，而是选择忍让，先安抚顾客，等到对方情绪稳定后再去说服他，一步步地引导对方，最后得出自己的结论，让对方心服口服，最后使推销成功。

"有忍，其乃有济；有容，德乃大。"《尚书》中的一句话道出了忍让的含义，古代的韩信忍胯下之辱，成就一番大丈夫所为；越王勾践卧薪尝胆，忍出三千越甲可吞吴，忍让才能成大器，而在普通人当中，那些受人们尊敬的人无不懂得运用忍让的智慧。

明朝的时候，在苏州城内有一个掌柜开了一间典当铺。一年，大年三十晚上，掌柜正在里屋算账，忽然听到从外面柜台传来了争吵声，于是他赶紧跑出去看，原来是附近邻居王老头正在与伙计吵得面红耳赤。这个掌柜一向坚持"以和为贵"的思想，所以，他先安抚了两位，而后对伙计训斥了一通，可是没想到王老头却不买账。

王老头板着脸，没有丝毫缓和之色，他站在那儿很严肃，一句话也不说，好像是诚心来找茬儿似的。这时，伙计凑到掌柜耳朵旁对他说："这个王老头就是不讲理，前几天，他当了衣服，现在，他说过年要穿，一定要取回去，你说哪有这样的事？我还没来得及解释，他就破口大骂。"

掌柜微笑着点了一下头，让伙计先去打理生意，然后走到王老头跟前很诚恳地对他说："老人家，我知道您的来意，过年了，总想有一身体面的衣服。这是小事一桩，大家抬头不见低头见，什么事都好商量，何必与伙计一般见识呢？您老就消消气吧！"

还没等王老头辩解，掌柜已经吩咐伙计查了一下账，看看王老头是什么时候当的衣服，又从别的地方拿了四五件棉衣。他把棉衣递给王老头，说："这件棉袍是你冬天里一定要穿的衣服，这件罩袍在你拜年时用得着，这几件棉衣，孩子们也是要穿的。你先把这些东西拿回去，其余的衣物，不是急用的可以先放在这里。"

谁料这个王老头仍然很顽固，拿着衣服，连招呼都不打就走了出去，掌柜并不在意，还拱手送他出门。

结果，没过多久，王老头就死了。原来这个王老头是来敲诈的，来典当铺之前，他已经服了毒。因为负债累累，没有别的办法，所以想到此招，可没想到典当铺的老板这么对他，所以最后没得逞。

掌柜若有所思地对伙计们说："我并没有想到王老头是来敲诈的，只是心想王老头敢来无理取闹，说明他一定遇到什么事了。在我当伙计的时候，我爹就常说：'天大的事，忍一忍也就过去了。'如果我们在小事情上不忍让，那么很可能就会酿成大的灾祸。"

故事中的掌柜是个非常有智慧的人，没想到忍一时却免遭一场灾难。试想一下，假如掌柜没有忍让王老头，和伙计一样和他讨价还价，那么王老头很可能会死在典当铺，那么掌柜就要赔偿。语言有时候像刀子一样会杀人，无论是邻里之间还是和陌生人，"以和为贵"才是生存之道。

忍让是一种智慧，是一种成熟睿智的气度，是智者生存的一种必然的选择。忍让是一种策略，是一种以退为进、厚薄积发的谋略，因此，它能避免无谓的冲突、摩擦与麻烦。忍让是一种心态，是一种以宽广的胸怀与平和的心态看清人世沧桑的更高境界。得与失永远是一对矛盾体，善于忍让才会拥有。

放弃有时是一种双赢的妥协

在今天这样一个物欲横流的社会中，其实有太多的人，一生都在用加法生活，而最后却没有获得自己内心想要的东西，可能在临死的时候还在说："我还没得到什么，我还没有……"

要知道人生在于你所朝的方向，而不是你所在的位置。歌德说："生命的全部奥秘就在于为了生存而放弃生存。"如果没有当机立断的放弃，就不会有以后难得的良机，选择更是无从谈起。如果一个人在错误的道路上大声疾呼永不言弃，那么他就只能重蹈南辕北辙的下场。有时候，放弃是一种勇气，更是一种智慧，选择决定人生。

舍得和拥有之间永远存在着距离，敢于走过这段路程的人才会拥有新的方向。

法国有个叫詹姆士的青年，他的父亲虽然不是亿万富翁，但是让詹姆士衣食无忧是没问题的。

岁月如梭，詹姆士已经30岁了，就在这一年，他的父亲离开了人世。在父亲死后不久，詹姆士选择放弃了当时闲适的生活，他觉得自己应该作出一番事业。他开始行动了，于是，第一步，他先用父亲留下的遗产开了一个药厂，每天，他亲自组织药厂的生产和销售工作，从早到晚，一工作就是 18 小时，等厂子挣了一些钱，他就用于扩大再生产。

很快，药厂有了一定的规模，每年的收入也很可观。然而，由于市场上的药物已经呈饱和状态，詹姆士分析了一下：照这样下去，厂子很难有更大的发展。他觉得，世界上有几十亿人口，每天要消耗各种各样的食物，认为还是食品市场更有前途。

经过再三考虑，詹姆士决定向银行贷款，买下了加云食品公司的控股权。加云食品公司主要是专门制造糖果、饼干还有各种零食的公司，同时经营烟草，虽然规模不是很大，但是经营的品种很丰富。詹姆士没有满足现状，他又在经营管理和销售策略上进行了一番改革，例如把生产糖果延伸到生产巧克力、口香糖等多种品种；增加了饼干的品种，细分成儿童、成人和老人饼干；还向蛋糕、蛋卷等领域发展。

詹姆士审时度势，分析了一下巴黎市场，他认为巴黎市场有点儿受限制，于是又着手在其他城市设立分店，最后在欧洲众多国家也都开设了分店，形成了广阔的连锁销售网。

随着市场领域的开拓，詹姆士食品公司的效益越来越好，他的资金越来越雄厚。随后，他又伺机而动，把英国、荷兰的一些食品公司收购进来，形成了更大的集团。

放弃也是一种勇气，毋庸置疑，詹姆士是个勇者，他放弃了自己无忧无虑的生活，走上了自己的创业之路，之后又毅然放弃了凝聚着自己心血的药厂，转而经营食品公司，事实证明，詹姆士的选择是正确的，正是由于他有放弃的这种勇气，才最终成就了他辉煌的事业。

学会放弃是一种深远的谋略、是一种深邃的人生智慧。很多时候，我们需要放弃才会拥有更多。放弃有时就是一种双赢的妥协，一个人只有勇于放弃、敢于放弃，才能做到轻装上阵，在成功的道路上越走越远。

过度坚持，有时等于更大的放弃

坚持是一种精神，而过度坚持则是一种错误。在我们的生命旅途中常常伴有苦难和不幸，这时候就需要我们有一种勇气，那就是放弃。只有舍得才会拥有，如果过分地坚持，有时等于更大的放弃。

生活中，有时候我们并不需要那些无谓的执著，没有什么是永恒不变的，生命中也没有那么多实在难以割舍的东西。学会放弃，生活会更容易。人生有太多的诱惑，过度地坚持，只会在诱惑的旋涡中迷失自我；在自我追逐的过程中，我们有太多的欲望，过度地坚持，只会在人生的十字路口偏离方向；生活中，我们要面对太多的无奈，过度地坚持，只会在苦苦挣扎中耗尽生命。

学会恰到好处地放弃、敢于挑战自己是一种智慧。一头撞在南墙上的人似乎太过于陶醉于自己的梦境，醒来后定会头破血流。适时地放弃是一种大度、一种豁达，更是一种经营人生的策略。

有这样一个故事。

一种名叫马嘉的鱼长得很漂亮，银肤、燕尾、大眼睛，一般都生活在深海里，每年的春夏之交便溯流产卵，伴随着海潮漂流到浅海。

因为渔民们摸清了马嘉鱼的特点，所以捕捉它们的方法很简单：他们只需在一个孔目粗疏的竹帘的下端系上铁，然后放入水中，由两只小艇拖着，拦截鱼群。

马嘉鱼的"个性"很强，一根筋地往前冲，不爱转弯，即使闯入罗网之中也不会停止，所以一只只"前仆后继"地陷入竹帘孔中，于是帘孔随之紧缩。竹帘缩得越紧，马嘉鱼越激怒，它们更加拼命地往前冲，结果就会被牢牢卡死，最终被渔民们所捕获。

现实生活中，有很多人像马嘉鱼一样，都在坚信坚持到底一定会胜利，并且在"执著"的追求中还附带光环，执著于名利、执著于不切实际的空想。日复一日、年复一年，结果等到年老了才开始感慨壮年的无为和空虚。其实只要你放开手，就会发现许多无奈的痛苦已经不解自开。

在远古时代，我国北方有一座巍峨雄伟的载天山，有一个叫夸父族的巨人氏族在这座山上住着。这座高大的山被称为世界上最荒凉的角落，毒蛇猛兽横行。夸父是夸父族的首领，他才高过人、力大无比、意志坚强，为了不让自己的族人生活得凄苦，他常与洪水野兽搏斗，他还常常把凶恶的黄蛇挂在自己的耳朵上，并以此为荣。

有一年，天气大旱，火辣辣的太阳直射在大地上，庄稼都被烤焦了，河里的水也被蒸发干了，人们实在无法忍受毒热的太阳了。夸父看到人们难受的场景，再也忍不住了，于是他发誓一定要捉住太阳，为人民排忧解难。

一天，太阳刚刚越过地平线，夸父就从东海边上开始出发。太阳在空中飞速地旋转，他也跟着转；太阳走，他也走。夸父像风一样拼命地追，一刻也不停下。饿了，就摘个野果充饥；渴了，捧口河水解渴；累了，就打个盹。他在心里一直鼓励着自己："快了，就要追上太阳了，人们的生活就会幸福了。"就这样，他追了9天9夜，但是仍然看到太阳就在自己的头上，不远也不近。

夸父翻过了崇山峻岭，跨过了九曲回肠的河流，终于在一个山谷就要追上太阳了。此时，夸父兴奋极了，他激动地伸出手去触摸太阳，没想到由于情绪太激情，连身体也跟着摇晃，由于身心憔悴，突然间，夸父感到头晕目眩，竟然晕过去了，等他醒来时，太阳早已经不见了。

再苦再累，夸父也不松懈气馁，醒来之后，他仍然继续追日，他鼓足勇气，又一次出发了。此时，情况更糟糕，因为离太阳越近，温度越高，夸父越来越觉得焦躁难耐，他觉得整个人都要快被蒸干了，他需要大量的水，于是夸父挣扎着站起来，走到东南方的黄河边，弯下腰猛喝黄河里的水，由于夸父太渴了，黄河水一会儿就被他喝干了，他又去喝渭河里的水。可谁能想到，他喝干了渭河里的水还是不解渴，于是他打算向北走，去喝一个大泽里的水。

这个世界上缺少的就是水，只要有太阳存在，夸父就永远都不会解渴。夸父实在太累、太渴了，当他走到中途时，身体再也支撑不住了，最后终于倒下了，永远没有醒过来。

太阳是永远存在的，而夸父却永远不会一直存在。人要想和自然搏斗，最后吃亏的一定会是人。夸父是在不切实际地、过度坚持自己的想法，这种坚持是很愚蠢的做法，靠不惜牺牲自己的生命来换取人民的幸福，这样的精神是值得赞扬的，但是做什么事情都要有一定的方法和一定的可行性，如果没有这两点，夸父最终会是失败的。

过度坚持不仅仅表现为执著于某件不切实际的事情，更多的在于展现一个人的思维模式。事在人为，在现实生活中，如果过度地坚持，有可能会适得其反，遭受到更大的灾难。有时，过度地坚持等于更大的放弃，不仅暴露了你的缺陷，最后什么也得不到。

吃亏是一种气度，更是一种人品

在老一辈人的观念里总会有这样一种想法：吃亏是福。其实吃亏是福蕴含了很深刻的道理，在人际交往时，吃亏不仅是一种气度，更是一种良好人品的体现。

吃亏是福，因为人人都有趋利的本性，你吃了亏，别人就得了利。让别人占点儿小便宜,其实就是最大限度地调动别人的积极性,如此一来,你就会给别人留下良好的声誉和不错的人品。

一位哲人曾写下这样一段令人怦然叫绝的文字,他说:人,其实是一个很有趣的平衡系统,当你的付出超过回报时,你就取得了某种心理优势;反之,当你的获得超过了你付出的劳动,甚至不劳而获时,便会陷入某种心理劣势。

人的这种心理会让自己活得踏实,生活中有很多人拾金不昧,其实,不是他们不喜欢钱,也不是他们非要和钱过不去,只是他们不想被那些不劳而获的钱扰乱了自己的心志。他们认为,吃点儿亏没什么,占便宜,心里就会不安了。

现实生活中,能够主动吃亏的人太少了,这是因为人性中总有一种贪婪的心理。面对利益的诱惑,谁不会心动?但是有些人能经得住考验,而有的人就会只顾眼前的利益而占点便宜,其实,到头来还是会吃亏。能不能主动吃亏,其实是看你有没有实力,如果你足够淡定,有足够的实力,你一定不会计较眼前的得失,而是会高瞻远瞩,谋求更大的成功。

某报记者在 XX 公司采访时,该公司总经理朱某讲了一个自己亲身经历的故事:他主动承担了 1500 元的损失,没想到带来了 45 万元的销售额,正是这 45 万元的销售额,让当初因资金缺口面临倒闭的公司又站了起来,发展壮大。

2003 年 8 月,朱某和一家酒店联系了一笔业务,该酒店要购买一套地毯清洗设备,价值 6000 多元。各项手续办好后,朱某把设备寄往酒店方。但酒店收到设备后,称设备在运输途中损坏了,要求退货。朱某派人查看后得知,设备是在酒店组装时由于操作不当而损坏的,维修费用约需 1500 元左右,酒店不愿承担才要求退货,公司没有任何责任,完全可以置之不理。但朱某表示,"吃点儿小亏"无所谓,维修费用他来承担,并让人把设备修好,让客户满意。

结果,2005 年, 就在朱某正为企业资金缺口而头疼的时候, 接到 2003 年买地毯清洗设备的酒店的电话,该酒店说,他们新开了一家星级酒店,需要购置一批清洗设备,首先想到的就是甘愿"吃亏"的朱某,一次性订购了 45 万元的货。

吃亏是一种智慧,对合作伙伴让利,会给自己争取更多的合作者;给客户让利,则会获得客户的信赖,会使企业在无形之中树立一个良好的形象,生意也会越做越大。

在企业中适用的法则, 在个人身上也适用。任何企业的操纵都离不开人,只有人具备了吃亏的理念,才会决定企业的运营理念。对于个人而言,吃亏不仅是一种福气,也是一种境界,吃了糊涂亏,就有可能成为大赢家。

吃了眼前亏并没有多大的损失,损失大的是有很多人不懂得吃亏的学问而去计较得失。敢于吃亏的人,其心胸一定非常开阔;敢于吃亏的人,其眼光一定是非常高远的。心胸宽广、高瞻远瞩的人才会成功。

人不会无缘无故地得到,也不会无缘无故地失去。有时候,你是用物质上的不合算换取精神上的超额快乐;也有时候,你看似占了金钱的便宜,却同时在不知不觉中透支了精神的快乐。吃亏是一种气度,更是一种人品,肯吃亏的人才会获得快乐和财富。

第15章

互惠互利
——不要刻意把有可能是伙伴的人变成对手

我们生存在这个社会,就注定要与他人发生关系,如果想让你的交际向健康的方向发展,就需要采用合作双赢的方式,而不要把潜在的伙伴变成你的对手。

适当地宽容对方的错误

人生存于社会,必须与他人发生关系,如果想让你的交际向健康的方向发展,就需要采用合作的方式,让双方的利益有所增加,或者至少是让一方的利益增加而另一方不受到损失。

说得简单一点儿,就是互惠互利、实现双赢,否则,合作关系是不太可能成立的。而要做到这点,首要的就是要心胸宽广,宽容的人才更有魄力,这样在让对方得利的同时也会想到回报于你。

有一天,楚庄王大宴群臣,一直喝到日落西山。由于大家尚未尽兴,楚庄王就命人点烛夜宴,还特别叫出自己最宠爱的妃子许姬给文武群臣敬酒。许姬美艳无比,她的美貌让大臣们的酒兴更浓,宴会的气氛也更激烈了。

忽然，一阵大风吹来，筵席上的蜡烛都被吹灭了，宫中立刻漆黑一片。就在这个时候，许姬感到有一只手拽住了她的衣袖，她连忙反抗，在拉扯当中扯下了那个人官帽上的缨带，然后跑到楚庄王的面前小声说："大王，有人想趁黑暗调戏我，幸亏我机灵，扯下了那个人的帽缨，请大王查找，那个没有帽缨的人肯定就是刚才对我无礼之人，大王一定要杀了他，为臣妾泄愤。"

楚庄王听完许姬的话之后不但没有生气，反而心平气和地说："寡人今日设宴，诸位务必要尽欢，大家不要太顾念君臣之礼，可以把帽缨统统摘掉，这样才能尽兴啊。"于是群臣按照楚庄王的要求，都把自己的帽缨取下，楚庄王这才命人重新点亮蜡烛，宫中一片欢笑，君臣尽欢而散。

事情就这样过去了，楚庄王一直没有追究那个调戏他妃子的人。后来在一次战争中，楚庄王发现自己的军中有一员战将在每次上阵的时候总是奋不顾身，所到之处均拼力死战，甚至在楚庄王遇到危险的时候都是这个战将临危救驾。最后，他们赢得了这次战争的胜利。

楚庄王论功行赏，当问到这个战将想要什么赏赐时，他却说："大王，我今日之功是报答大王的不杀之恩。"原来他就是那个调戏许姬的人。那次事情过后，楚庄王没有加以追究，他就对楚庄王一直抱有感恩之心，准备等待机会报答大王。这次上战场也正是他立功报恩的机会，他自当以死为报。

故事中，楚庄王在处理妃子受辱的事情上表现出了一代帝王的宽广胸怀。因为他平时能容人，所以他的臣子才能真诚为他效力，在战场上不怕牺牲，为他冲锋陷阵。

其实，"互惠原则"在我们的生活中经常出现，比如你帮助别人，在你需要帮助的时候，别人也会主动帮助你。生活中人们经常会以相同的方式回报他人为自己所付出的一切，即行为孕育同样的行为、友善孕育同样的友善，付出孕育同样的付出。你怎样对待别人，别人就会怎样对待你。

也许有人会提出疑问：为什么人与人之间会产生这种互惠现象呢？原因

在于每个人都想保持内心的安静与平衡，所以当他们感觉到自己亏欠对方时，会本能地还予对方。所以，对于那些偶尔犯错的人，你不但要给予谅解，而且还要给予他改正错误的机会。戴罪立功者总是比常人更加卖力，甚至不惜牺牲自己的利益。

鲍伯·胡佛是一位优秀的试飞员，在漫长的试机生涯中，成功地试飞过许多种机型。有一次，他接受命令，前往圣地亚哥航空展览中参加表演。在他返回洛杉矶的途中，在空中300米的高度，两具引擎突然熄火。

如果不是他用熟练的技术操纵着飞机登陆，那么这架飞机上的人都会失去性命。尽管如此，这架飞机还是遭受到了严重的损坏。在迫降之后，胡佛的第一行动是检查飞机的燃料。正如他所预料的，他发现造成事故的原因是用油不对，他所驾驶的第二次世界大战时的螺旋桨飞机装的不是汽油，而是喷气机燃料。

于是，胡佛要求见为他保养飞机的机械师。那位年轻的机械师吓得面如土色，他知道自己不仅造成了一架非常昂贵的飞机的损失，而且还差点儿使3个人失去了性命。

人们都料想胡佛必然会大为震怒，并且预料这位极有荣誉心、事事要求精确的飞行员必然会痛责机械师的疏忽。但是，胡佛并没有责骂那位机械师，甚至没有批评他。相反，他用手臂抱住那个机械师的肩膀，对他说："为了让你不再犯这样的错误，我要你明天再为我保养飞机。"

后来，这位机械师一直跟着胡佛，负责他的飞机维修。后来，胡佛的飞机从来没有发现任何差错。

原谅他人的错误需要有博大的心胸，这种人往往拥有无比高尚的品德。然而在现实中，有些人只要发现别人犯下错误，稍微涉及到自己的利益，就弄得对方像犯了滔天大罪一样不可饶恕。这样的人是不会受到欢迎的。

这个世界上，谁不会犯错呢？倘若你能原谅别人的过失，别人定会感激你对他的包容。有句名言说：最高贵的报复是宽容。你的宽容和谅解也是保护自己和征服别人最有力的武器，这种优良的品德会让你的人脉翻倍，使你的竞争力大大增加。

别因面子而让自己多一个对手

常言道："人活一张脸，树活一张皮。"这里的脸就是指人们的面子，特别受人们重视。的确，每个人都爱自己的面子，也都时刻想着如何维护自己的面子。

因此，当你拼命维护自己的面子时，千万不要忽略了他人的面子。因为面子也像物理学中的力一样是相互的，只有给别人留足了面子，反过来才能给自己留面子。

给人留面子是体现你尊重对方的一种方法，马斯洛在其需求层次理论中提到："人有被尊重的需求与自我价值实现的需求。"什么是尊重？给他人留面子无疑属于尊重的一种。什么是自我价值实现的需求？就是想办法给自己挣面子。可见面子被人们看得有多么的重。

生活中，倘若你不懂给别人留面子，即使是你的好朋友，也许也会变成你的对手。生活中，这样的例子比比皆是。

在一次会议上，总监曾就某个设计问题当着会议上的众人厉声质问设计部经理。本来并不是一件很严重的事，但是由于他的语调以及态度带有很强的攻击性，言辞也极为苛刻。事实上，总监只想提醒这位经理在工作中要更为认真和严肃。

这位经理本来在公司中是出了名的好脾气，但是不想在同事、领导、下属面前失面子，竟然和总监吵了起来。两个人在会议上闹得很僵，最后总监是在尴尬中不了了事的。

在这次事件之后，这位经理在以后的工作中经常表现得不是很积极，并且在两个月后离开了公司，去了竞争对手的公司。正是由于他的加入，原公司的很多业务都被他拉走了，那位总监因自己不给下属面子而让公司损失惨重，因此被老板狠狠地批了一顿。

不给他人面子，他人就会觉得你不尊重对方、觉得你不够成熟稳重，甚至还会觉得你的人品有问题。这样的人是很难让下属服气的。给对方留面子是一门艺术，更是一门学问，很多人之所以会让他人丢面子，是因为他们没有给对方留面子。就像故事中的总监，他不仅在领导以及下属面前颜面尽失，而且还失去了一位能力超强的下属。尽管他的初衷是好的，但是这种有损他人面子的行为却给自己以及公司带来了无法预料的损失。

生活中，这种人与人之间相互留面子的现象也可以用心理学上的互惠原则来解释，也就是说，事关面子的问题也遵循着互惠的关系。从心理学上说，如果你在某种场合给对方留足了面子，对方的心里就会有一种负债感，进而会想方设法通过同一方式或者其他方式还给你，以减轻内心的这种负债压力。这就好比，当一个朋友正急切用钱的时候，你将钱借给了对方，虽然是对方向你借钱，并且你非常愿意借给对方，但是对方的心里还是会产生负债感，并会想办法尽快将钱还给你，有时甚至带着利息还给你。

人就是如此奇怪的动物，有时宁可吃暗地里的亏，也可以吃表面的亏，就是不能吃面子的亏，所以，你要想经营好自己的人际关系，就要善于从对方的角度考虑问题，不仅要给对方留面子，有时还要想办法给对方挣面子，这样，当你做事情的时候，对方才会给你留面子，并忠诚地做你让他做的事情。

对此，拥有多年教学经验的班主任张艳曾有过这样的教学经历。

张老师说："在我刚做班主任的第一年遇到了这样一名学生，他很调皮，也非常不听话；他也特别爱动，无论上什么课，他都会在下面做小动作，并且有时还会在课堂上弄出点儿意外。

"很多老师都对他规劝过，同学们也说过他，但是都没有任何效果。我本来是想找他谈话，但是一想：他还是一个10岁不到的小孩子，调皮是很正常的事，所以事情就这样过去了。

"有一天，我正在给大家讲课，忽然从地板上传出叮叮当当的声音，我低头一看，没想到是两枚硬币，正在地上滚着。我知道硬币正是这名调皮的学生掉出来的，因为同学们正用异样的眼神盯着他，而且他通红的脸颊和半低着的头已经说明了一切。

"我没有询问是哪名同学掉出的硬币，也没有旁敲侧击地斥责任何学生，只是对在座的学生说：'我相信，今天掉出硬币的那个学生是无意的，并且老师更加相信掉硬币的同学在以后的课堂上也不会再犯类似的错误。'令我没想到的是，这名同学在以后的课堂上不再做任何小动作了，而且直到小学毕业，也很少见到他有扰乱课堂秩序的现象。"

这个调皮的学生一直是老师们头疼的对象，老师们的规劝和同学们的说服都对他起不到任何一点儿作用，却没想到张老师一个给足他面子的举动征服了这颗年少轻狂的心。一个10岁不到的小孩子都知道爱面子、要自尊心，更何况一个成熟的成年人？适当地给对方留面子，你的人缘才会变得越来越好，可在生活中，面子问题却总被人们忽视。

试想，如果张老师在捡到硬币的那一刻便在同学面前对犯错误的学生进行指责或者批评，那么是否会给这个叛逆心理极强的孩子留下深刻的印痕？对于这个问题，我们不得而知，但可以想象结果肯定是消极的。可张老师并没有批评和指责那名学生的调皮行为，而是给他留了足够的面子，让这个一直是自己"对手"的学生变成了一个乖学生。课堂是个小社会，对于处在大社会中的成年人来说更应该时时给别人留点儿面子，才会为自己挣足面子。

在人际关系中，如果你想让自己的人缘越来越好，当自己有困难的时候有人来帮助，那么需要在平时的生活中给别人面子。法国著名作家安东安娜·德·圣苏荷伊曾在他的作品中写道："我没有任何权利去做或说任何事来贬低一个人的自尊，重要的不是我觉得他怎么样，而是他觉得他自己该如何。伤害人的自尊是一种罪过，这也包括不给人留面子。"

生活中，给对方留面子是一种互助的行为，如果你是一个对面子无所谓的人，那么你就会无意中伤害到你身边人的自尊心，那么很可能就会让你的朋友远离你，甚至成为你的对手；你也无法说服他人、影响他人，进而接受你的意见或者观点。所以，想要经营好你的人际关系，最明智的选择是时时给别人留点儿面子，事事预留点儿分寸，这样你在给他人留面子的同时也为自己铺就了一条通向成功的阳光大道。

合作远远比竞争更重要

如今的社会已经进入了一个超竞争的时代。在这个时代里，合作被人们看得越来越重要。作为一个现代人，只有学会了与别人合作，才能取得更大的成功。竞争与合作是构成社会生存与发展的两股力量，在社会生活中，要有竞争，更要有合作。

俗话说："三个臭皮匠，赛过诸葛亮。"人多智慧多，只要善于合作，发挥双方甚至多方的力量，就能想出办法、取得成功。合作是个人或群体、组织之间为了实现某一共同目标，通过彼此的协调作用获得更大意义或价值的联合行动。合作强调的是在和谐的气氛中互惠互利；而竞争往往只是为了胜负或优劣而进行的争斗，关注单方面的最终利益。

如果在一家企业里，每名员工都想成为职场里最后的竞争者，那么每名个员工的心态就是"事不关己,高高挂起"、"只知索取,不愿奉献",接下来,员工们的眼里只关心个人利益,而不顾企业的整体利益,这样的竞争对于企业或组织甚至国家的发展是没有任何好处的。

所以,在竞争中切不可忘了合作。而且也只有合作才能弥补对方的不足,让每个人都感受到团队的强大、团队的温暖、团队的吸引力,更重要的是,在合作中,你可以迅速提升自己的能力。

袁政海是名班组的组长,在他的组里,每个人在每时每刻都能感受到一种浓烈的团队意识和归属感,大家觉得这里存在着一种特别的温暖。这个班组拥有了很多积极的元素,团结合作、竞争创新、充满朝气的精神让每一个能在这里工作的人都感到无比自豪。

虽然大家平时也不忘"较劲儿",但只要遇到需要解决的问题时,团队的每个人都会毫不保留地献出自己的"锦囊妙计",没有人会小肚鸡肠地将自己的想法藏着掖着。

"遇到问题,合作比竞争更为重要。"这是班长袁政海时刻对自己和班组的成员说的话,"每个成员的才智、能力各有千秋,你可能在这方面存在优势,但他有可能在那方面的优势比你还要明显。只有取长补短,让每个人的能力得到最大限度的发挥,才能让团队走得更快更稳。"

在现代社会,离开合作、孤军作战几乎是不可能的事。所以,不管你是职场人士还是一位生意人,你要想在竞争中取得胜利,必须与人合作。我们可以很清楚地看到,许多大的工程、大的成果都是合作的结果。例如火箭、宇宙飞船、城市建设和管理、各种现代化的工具……这些都和大家共同协助分不开。可以说,现代科技的所有成果无一不是团结合作的结晶,无一不是精诚合作的结果。

一个人、一个企业的成功在某种意义上取决于是否善于合作。现在我们遇到的问题越来越复杂,一个人再能干,也难以独立面对很多复杂的事,很

多事都需要人们同心协力来做。人与人只有彼此尊重和理解、各自发挥自己的长处，共同向着同一目标努力，才能产生一加一大于三的功效。如果相互都不信任，甚至相互攻击、相互推卸责任，那么其功效就会减小。

现实中，我们不仅需要和同事、朋友合作，而且还需要和竞争对手合作。

既然是合作，那么一同合作的双方必须有一定的能力。那么，是不是有了能力就能找到合作伙伴呢？当然不是，合作除了能力之外，还需要人品。其实，很多合作，首先都不是金钱的合作，而是人品的合作，如果我们把合作的目标定为生产一辆汽车，那么这辆汽车要想生产成功，就需要各种各样的零件。而只有把各个零件组装起来，一辆汽车才算生产完成，才能够行驶。合作中的每一个人就好比其中的一个零件一样，很多时候，缺了某一个人的力量就无法成功。

但是并不是如此就合作成功了，因为还有一个关键因素，那就是汽车的各种零件没有任何质量问题。汽车上零件的质量就如我们的人品一样，如果我们的人品没有问题，那么汽车就可以稳健行驶。如果我们的人品出现了问题，汽车不仅不能稳健行驶，甚至还可能因为故障出现车祸。

1951年，松下电器公司总裁松下幸之助提议与飞利浦公司进行技术合作。飞利浦公司当时是世界上最大的电器制造公司，在全球拥有300多家工厂。在此之前，它已和48个国家有过技术合作经验。

飞利浦同意合作，并且提出双方在日本合资建立一家股份公司，公司的总资本为6.6亿日元，松下电器出资70%，其余的30%由本公司的技术指导费作为资金投入。

这意味着飞利浦公司不需投入一分钱，全部资金由松下电器一家承担，这样的条件让松下难以接受，因为按营业额计算，飞利浦公司的技术指导费达到总营业额的7%。而按国际惯例，技术指导费一般是3%。经过反复交涉，技术指导费降到5%，但松下公司仍觉得有欠公平。

人品，
看不见的竞争力

既然技术指导费不能降低，松下方面的谈判代表高桥要求飞利浦公司支付经营指导费。高桥说："双方合作建设合资公司，在技术上接受贵公司的指导，而经营却主要靠松下电器公司，我们公司的经营技术水平是众所周知的，得到了高度评价。所以，我们也有向贵公司索取经营指导费的权利。"

高桥此言一出，令飞利浦公司的谈判代表深感震惊。直觉上，这是一个"非分"的要求；可仔细一想，这种要求又颇有合理性，因为松下公司已建立了健全的营销网络，一旦合作产品上市，根本不用为销售问题担心，最终能使双方大获其利。

飞利浦公司和松下电器最后商定由松下电器向飞利浦交付 4.3% 的技术指导费，同时飞利浦向松下电器支付 3% 的经营指导费，这样一来，松下电器实际上只需要支付的技术使用费仅为 1.3%。这样，双方的合作才真正走到了公平的轨道上。

不久之后，松下与飞利浦建立起的公司，其产品畅销世界各地，双方都在技术与经营的完美合作中大获其利。

与人品好的合作伙伴合作，生意场上的游戏规则就很容易遵循。按照规矩来办事，人品不好的人不会遵守游戏规则，而且经常会想方设法地让合作伙伴承担主要风险，这样的人即使取得了成功，合作伙伴们也会离他而去，从长远来看，最后受到损失的还是他。

两个人品好的人合作，大家都和气，凭道德来处理问题。没有人品就没有默契、就没有规则、就没有任何保证。这样的人，连与他在一起学习都可能有危险，别说做生意这种牵扯巨大利益的事了。

这个社会，只有真正的德才能经得起火来炼。所以，当你明白合作无疑是最有效率的成功方法之后，还要注意培养自己优良的人品，这样才能使双方能够长期地合作下去，获得长远的利益。

懂得适时地让步

人生要懂得适时地让步最终才会取胜,这和运动员比赛一样,退一步缓冲一下是为了跑得更快更远。为人处世也是一样的道理,懂得适时地让步才会和对方互惠互利。

人的一生其实就是一个不断妥协让步的过程。无论你是达官贵人还是平民百姓,都必须向时间、生活、命运妥协。当然,面对时光飞逝、琐碎的生活、感情的纠葛,谁也无法随时掌握好自己的命运,谁也不能定格自己的生命。从你呱呱坠地的那一刻起,你已经无法选择自己的出身,注定必须向命运让步。

老子曾说过:"夫唯不争,则天下莫能与之争。"人生需要的不是眼前的小利,而是真正的有所作为,既然我们无法选择命运,就要在德行、能力、学识上和对方竞争,所以,即使你能力超群、真理在握也要有低调谦逊的姿态,适时地让步,维护别人的利益从而成就你的事业,这是一种大智慧。

王勃在《滕王阁序》中写道:"屈贾谊于长沙,非无圣主。"意思是说像贾谊这样有才华的人屈居于长沙主簿这种职位,并不是当时没有圣明的皇帝。其实背后的意义也暗指:既然不是没有圣贤的君主,那么就是贾谊这个人"志大而量小,才有余而识不足"。

贾谊,西汉初年著名的政论家、文学家,18岁时就小有名气、才华横溢,被河南郡守吴公推荐,20余岁被文帝召为博士,而后不到一年被破格提为太中大夫。然而上天不会永远眷顾一个人,人的一生不可能都是这么顺利,23岁时,他的仕途开始走向下坡。

因为他不懂得妥协、不给别人让步、不去理会人们约定俗成的种种禁忌，不按照世代相传的游戏规则来办事，所以招致了小人的忌妒，他们众口一致地攻击贾谊："这个洛阳人，小小年纪，学识浅薄，一心想专擅权力，会把国家的许多大事搞乱！"面对这些思想守旧、顽固的朝官大臣，贾谊以为用自己渊博的学识和革新的思想能够说服他们，但是"以一挡百"将是何等的难度。

其中有一个小人，这个人是阻止贾谊仕途的一大障碍，他就是文帝的宠臣佞悻邓通。邓通是一个没有任何本事的人，完全是凭借一个荒诞至极的理由而得到文帝的宠幸。文帝很迷信，天天想着能上天，可是却上不去。一天，他感觉有个"黄头郎"好像从后面推了他一把，然后飘飘然地就上了天。文帝醒来之后非常激动，他说一定要找到那个"黄头郎"，正好这时见到一个正在使船的头戴黄帽的年轻人，这个年轻人就是邓通，文帝认定他就是梦中推自己上天的那个人，于是邓通就随从侍奉文帝，而贾谊特别讨厌这个没有才能的小人，经常在文帝面前说他的坏话、讽刺、贬低他，长此以往，文帝开始逐渐疏远了贾谊。

一边是朝中大臣的攻击，一边是小人邓通的进谗，两面夹击，贾谊被贬于长沙便不足为奇。离京后，他感到特别委屈，哀伤自悼，从此以后一蹶不振，并挥笔大作《吊屈原赋》与《鹏鸟赋》。虽然文帝还是很赏识他的文采，但是觉得他气量太小，成不了大事，更可悲的是在梁怀王不慎坠马身亡后，本来没有任何责任的贾谊却因为害怕文帝的追究，对自己更加增添了悔恨之意，郁郁寡欢，整天哭哭啼啼。一年后，他因伤感过度而死，年仅33岁。

贾谊的悲哀在于不懂得让步，面对现实不妥协，所以最后只能自讨苦吃。如果贾谊能够适时地让步，那么那些小人便不会得逞，文帝也会更加赏识，进而重用他，进一步就是死，而退一步说不定就是另一片天空。

同样是被贬，同样是活在压抑委屈中，苏轼身上却显现出另外一种风度。他并没有抱怨世事的不公，也没有长吁短叹，而是欣然接受现实，干脆做起东坡居士。从得意非凡的苏大才子变为"竹杖芒鞋"的苏东坡，稍作妥协的他便将命运的乖舛踩在了脚下。他"自喜渐不为人知",转而"倚杖听江声",于是便有了"竹杖芒鞋轻胜马,谁怕?一蓑烟雨任平生"的心态,于是便有了"回首向来萧瑟去,归去,也无风雨也无晴"的人生境界。

人和人是有差别的,这种差别就在于如何去选择。生存于世,应该适时地调整自己的风向标,在不断妥协的过程中沉淀出更深的智慧。懂得妥协、懂得适时的让步,你才会获得更多的财富。

西班牙有一家著名的拍卖行,一次,竞争者正在屏气凝神地盯着当日的拍卖品——一幅画作,突然有人小声说,服装大亨阿曼西奥·奥特加对这幅画作也特别喜欢。大家都心知肚明,所以几乎没有谁敢和他竞争,只是在看最后这幅画作能卖到多高的价钱。

拍卖开始了,阿曼西奥·奥特加出价了,突然一个表情严肃的年轻人开始与他竞争,画作的价格呈直线上升,人们都转过头看这位年轻人,现场顿时充满了火药味儿。正当人们觉得阿曼西奥·奥特加会赌气地出更高的价钱买下时,没想到阿曼西奥·奥特加突然选择了放弃。

竞拍结束后,这位年轻人疑惑不解地走向阿曼西奥·奥特加,问他为什么中途选择放弃,阿曼西奥·奥特加对他说:"好画以后还会买到,而为了竞争伤了和气,那就太不值得了。"说完之后,阿曼西奥·奥特加起身就要走,年轻人慌忙递上自己的名片,并希望与他合作。

阿曼西奥·奥特加的举动让人们敬佩不已,许多人纷纷找他合作,而这位年轻人对媒体吐露了自己的心声:"一个成功的服装大亨居然这么睿智大度,他的人品和能力自然值得我们信赖。"

面对自己挚爱的画作,阿曼西奥·奥特加原本是有实力和年轻人一决高低的,但是他却选择适时地让步,表面上看起来他吃了很大的亏,其实他赢得了更高的知名度和人心,这是金钱所买不到的。在利益得失面前,适时地让步会得到更多的利益。

以和为贵，互惠互利

中国素为礼仪之邦，"礼"字其实就在于"和"，以和为贵是中国传统文化中优秀品质。孟子说："威天下不以兵之革利。"何以威天下呢?在于一个"仁"字，"仁"其实就是"和"。

和是一种品德，和是一种文化。中国汉语中的"和"字是从"龢"简化为"咊"，再从"咊"转化而来的，它可以解释为多种含义：相安、谐调、平息事端。和美、和睦、和衷共济。祥和、和平、和气、和悦等，从这些词语中可以看出"和"的最终目的都是使双方受益。

在竞争激烈的商场流行这样一句话：没有永远的朋友，只有永远的利益。那么，在我们的日常生活与人际交往中不妨套用这句话：没有永远的敌人，只有永远的利益。

民间曾流传过一个这样的故事。

很久以前，有个国王统领了很多土地和部落，其中的一部分部落挨着山区，每年冬天，这些村落都会受到野狼的袭击，因此牲口损失了不少。国王很郁闷，于是就对左右的武士说："如果谁把野狼消灭了，我就把女儿嫁给他。"

这一年的冬天，第一个武士回来了，但是却变成了一个残疾人，因为在与野狼的搏斗中，他丧失了一支胳膊。在朝拜国王的时候，他满身伤痕，还拎着一麻布袋子的狼眼珠子。看到这种情形，国王非常欣赏他的这种誓死不怕的勇气，准备设宴把公主许配给他;可第二天，探马来信，说：狼群又来了，它们在狼首领的带领下对村民进行了残忍的报复，不仅咬死了牲畜，还伤了不少人。国王听后气坏了，立即派人取消了婚事。

另一个武士在第二年回来了，和第一个武士不同的是，在朝拜国王的时候，他带回了一个体积肥大的狼的尸体。这个武士很有计谋，他对国王说：擒贼先擒王，我将狼首领给杀死了，狼群溃散了。国王一听，高兴坏了，心想这个武士真聪明，于是下令订婚设宴。狼群没了首领，它们正忙于选新的首领，暂时没去扰乱村民。可是没想到，3天之后，狼群又来了，新的首领带领狼群又给村民带来了一场灾难。国王很失望，取消了婚约。

第三年的冬天，第三个武士回来了，他居然带回来两头活狼来朝拜国王。他对国王说：他观察了一段时间，发现狼群是因为冬天缺少食物才去扰乱村民的。知道真相后，他便带领村民以"赶诱饵"的方式将狼群引诱到另一座山上，那里有很多野生动物可以帮狼群度过冬天，而且那里还有一条不结冰的小溪，狼群即使在冬天也会喝到水。后来，狼群再也没有扰乱过村民，村民们也过上了安稳的日子。

国王很欣赏第三位武士，于是很快就把美丽的公主许配给了他。武士带回来的狼在他们夫妻俩的调养下变成了狗，再到后来，它们的后代成为了人类最忠实的朋友。

我们不曾想到凶险可怕的野狼居然能听从于人的命令，然而第三位武士做到了，他"化敌为友"的战略是一种大智慧。在强大的敌人面前，他想到的不是怎么置对方于死地，而是分析狼和人的矛盾其实就是在争夺村民们的"牲畜"。他选择了一个非常巧妙的策略，那就是把狼引到别的山上，这样既对狼有利，同时对村民也有利，在时间和环境都改变的情况下实现了"与狼共舞"的双赢梦想。

天时不如地利，地利不如人和，三国时期的曹操占了天时，因此兵多将广，可最后还是失败了；孙权占了地利，兵器却在长江；而刘备则占了人和，拥有大将关羽、张飞、赵云和智囊诸葛亮，最终与东吴联盟，百万雄师，烟火飞腾，红透长江，由此证明了"人和"的重要性。成败即在人，而人的思想是在和，和则两利，争则两伤。

西汉初年，匈奴国在首领冒顿的带领下日益强盛，他们开始对中原周边的地区进行烧杀抢掠。匈奴是游牧民族，他们能骑善射，个个武艺高超，而且出没无常，给中原地区带来了很多的灾难。

汉高祖刘邦见此情形更是焦急万分，因为在此之前，他曾亲自率大军到西北边陲平息战乱，结果差点儿丢了性命，这一次匈奴又来侵犯，该如何应对？于是他召集群臣，商议对策。大臣们也知道此次不好对付，都沉默不语。这时，一向不苟言笑的刘敬上奏道："臣认为对付匈奴，不能仅仅依靠武力。现在臣有一个办法，不仅能使冒顿俯首称臣，而且能使他们世世代代都老老实实，不知皇上意下如何？"

刘邦一听到这话，立即来了精神："快快讲来，但说无妨。"

刘敬说："为了人民的安康，我们不妨把公主嫁给冒顿，实行政治联姻。这样一来，匈奴就和我们是亲戚了，公主嫁给他以后，冒顿不就是您的女婿了吗？哪有女婿攻打老丈人的事情？他们也不会在边疆惹是生非了。皇上，您看，您不费一兵一卒，天下就能长治久安，这是多好的事啊？"

此番话一讲，刘邦有点儿不乐意了，心想：凭我大汉之尊，怎么能把公主嫁给匈奴人，我大汉脸面何在？

刘敬又说："后宫不是有三千宫女吗？您不必非得把公主嫁给他，您可以从那三千宫女里面挑一个收为义女，然后再以公主的身份嫁给冒顿。"刘邦听到这话乐极了，心想：真是一个好办法，于是认了一个义女，把他许配给冒顿。能娶到汉室的公主，冒顿当然倍感荣幸，就这样，政治联姻的这种和亲政策换来了西汉短暂的和平，给人民带来了幸福。

只有"和"才能使双方都获益，匈奴首领冒顿因为娶了汉室的公主而不再去侵扰中原，因此，匈奴人和中原人也免遭了战争之苦。后来，历史上多次出现了这种"联姻"的外交手段，这种以和为贵、互惠互利的政策深得人心。

和是一种心态，也是一种智慧。和能把敌人变为朋友，把对手变为伙伴。为人处世，以和为贵，方显人品价值。